千万不要输给情绪

别让坏情绪，赶走好运气

郑小四 ◎著

中华工商联合出版社

图书在版编目(CIP)数据

千万不要输给情绪：别让坏情绪，赶走好运气 / 郑小四著. —— 北京：中华工商联合出版社, 2024.7.
ISBN 978-7-5158-4013-0

Ⅰ. B842.6-49

中国国家版本馆CIP数据核字第2024HE7411号

千万不要输给情绪：别让坏情绪，赶走好运气

作　　者：	郑小四
出 品 人：	刘　刚
责任编辑：	胡小英
装帧设计：	周　琼
责任审读：	付德华
责任印制：	陈德松
出版发行：	中华工商联合出版社有限责任公司
印　　刷：	北京毅峰迅捷印刷有限公司
版　　次：	2024年7月第1版
印　　次：	2024年7月第1次印刷
开　　本：	880mm×1230mm　1/32
字　　数：	180千字
印　　张：	7.5
书　　号：	ISBN 978-7-5158-4013-0
定　　价：	58.00元

服务热线：010-58301130-0（前台）
销售热线：010-58302977（网店部）
　　　　　010-58302166（门店部）
　　　　　010-58302837（馆配部、新媒体部）
　　　　　010-58302813（团购部）
地址邮编：北京市西城区西环广场A座
　　　　　19-20层，100044
http://www.chgslcbs.cn
投稿热线：010-58302907（总编室）
投稿邮箱：1621239583@qq.com

工商联版图书
版权所有　侵权必究

凡本社图书出现印装质量问题，请与印务部联系。
联系电话：010-58302915

前言

作为内心世界的窗口，情绪可以左右我们的决定、指挥我们的行动，它对我们的人生具有至关重要的影响。

试想一下，在生活中，当遭遇挫折、面对不愉快时，你会做出怎样的反应呢？答案无外乎有两种：要么大动肝火，要么风轻云淡。而这两种不同的处事方式，也决定了不同的结果：前者往往会将事情搞砸，而后者则能够使难题迎刃而解。

这便是情绪的重要性。

通常，人的情绪又可以分为两种：一种是能够带给我们向上力量的积极情绪，比如自信、淡定、快乐等；一种是能够让我们丧失进取心、变得消极的负面情绪，比如愤怒、自卑、忧伤等。学会管理和调控自己的情绪，懂得培养积极情绪、善于平定负面情绪，是一个人走向成熟、变得优秀的重要基础。

在很多人看来，情绪是神秘的、不可控的，事实并非如此。我们每个人的手中，其实都握着一把掌握情绪的钥匙，遗憾的是，生活中的大多数人，却总是在不知不觉中将这把重要的钥匙弄丢。于是，当面对生活的不如意时，他们便失去了对情绪的控制，变成了情绪的奴隶，要么悲观消极，要么愤怒不甘，甚至还会在负面情绪的主导下，做出一些错误的行为或决定，造成无法挽回的损失，最终追悔莫及。

那么，那些丢失了情绪钥匙的人，要怎样重新找回呢？那些手握情绪钥匙的人，又该如何更恰当地运用呢？

阅读此书，或许你会找到答案。

本书从生活中常见的情绪触发点出发，试图以温暖的笔触，多角度、深层次地剖析情绪的重要性、情绪产生的原因，以及如何恰当地应对内心的负面情绪，旨在帮助读者更好地认识情绪、发现情绪、控制情绪，实现情商上的进一步提高。

很多成功的人，从来不被情绪左右，一个掌控了自己情绪的人，才能更好地掌控自己的人生。翻阅此书，希望我们每个人都能找到丢失的情绪钥匙，做情绪的主人，更阳光、更积极地面对生活。

目录

第一章
放纵情绪不可取,没人会为你的情绪买单   001

每个人都有情绪,但不要被左右   003
不在沉默中爆发,就在沉默中灭亡   007
为什么要用别人的错误惩罚自己   011
谁这辈子没生过气   015
与其生气,不如争气   020
情绪低落时,可以假装一下快乐   024

第二章
你对情绪的认知,决定了你的人生格局   027

你真的是天生脾气不好吗   029
一个人能否走向成功,看他情绪崩溃后的样子   033
没有不可能,只有不愿意改变   037

唯有认知自己的情绪，才有可能掌控情绪	042
拥有成功者的心态，排除情绪障碍是关键	046
忧郁、抑郁是魔鬼，它们会吞噬你的乐观情绪	050
用微笑去改变世界，别让世界改变了你的微笑	055

第三章
不生气你就赢了，摆脱感情用事的思考术　061

怎么做到爱自己	063
生气的时候千万不要作任何决定	066
冷处理，大事才能化小，小事才能化了	070
首先要意识到自己的性格有不足之处	074
接受不完美，严格要求要有度	078
达到小目标，给自己大奖励	082
大声说"不"一点都不难	085

第四章
掌控情绪从来都不靠忍　089

掌控情绪，做自己情绪的调节师	091
你的情绪里，隐藏着你对生活的想法	095
有些事没那么重要，就让它随风吧	100
别让过激的情绪毁了你	102
不要拿过去的错误惩罚自己	107
有意见，就要说	111
不要在乎排挤，关键要自己强大	115

第五章
压力谁都有，关键在于你如何转化它   121

即使有负面情绪，也不要马上说出来   123
真可惜，年纪轻轻就"死"在了朋友圈里   127
远离负面情绪病原体，别染上它   131
在需要时求助并不丢人   135
用"假想敌"去打败那些负重难行的压力   139
何以解忧，唯有控压   145

第六章
人生，没有过不去的坎，只有转不过的弯   151

只要想通、看开了，烦恼就没有了   153
遭遇不公时，学会平淡地看待   157
"拿得起，放得下"，你才能做情绪的主人   160
即使在生命的最后时光，也要充分享受尊严和爱   164
谁的人生都有好像过不去的坎   168
人很多时候都是自己吓自己，越躲越怕   172
人生没有走不出来的困境   176

第七章
你与优秀之间，只缺一个情绪对应法   181

情绪梳理第一步：自我关怀   183
情绪梳理第二步：探究自己的真实需求   187

情绪梳理第三步：情绪管理 ABC　　　　　　　　　　190
情绪梳理第四步：与智者对话　　　　　　　　　　　193
情绪梳理第五步：核对　　　　　　　　　　　　　　199
情绪梳理第六步：制订未来的行动计划　　　　　　　202
情绪梳理第七步：收获总结　　　　　　　　　　　　204
情绪梳理七步法的运用——案例分析　　　　　　　　207

第八章
即使生活一地鸡毛，也要欢歌前行　　　　　　　213

充实自己，生活丰富的人没空闹情绪　　　　　　　215
让内心变得强大，才能控制自己的命运　　　　　　218
高情商，就是懂得选择情绪　　　　　　　　　　　221
活在当下，拥抱每一个今天　　　　　　　　　　　225
即使生活一地鸡毛，也要欢歌前行　　　　　　　　229

第一章

放纵情绪不可取，
没人会为你的情绪买单

情绪的变化就像天气，既有晴空万里，也有阴雨连绵，偶尔还会有电闪雷鸣。每个人都会有好情绪，也会有坏情绪，但坏情绪并不可怕，可怕的是对坏情绪的放纵。失控的情绪会让你的生活变得一团糟，想要掌控自己的人生，就要学会掌控自己的情绪，做情绪的主人。

每个人都有情绪，但不要被左右

1

不知道你现在心情怎么样？是高兴快乐？还是烦闷忧愁？或者你现在内心毫无波澜，甚至有点想笑？

清晨上班，一路绿灯畅通无阻，心情也非常舒畅；阴雨绵绵，洗了的衣服晾了好几天都干不了，内心十分烦躁；地铁上遭遇变态咸猪手，你火冒三丈，反手就是一巴掌……

我们经历的事情不同，表现出来的情绪也不一样。而正因为这千变万化的情绪，才让我们的人生如此丰富精彩。

我有一位女性学员，在课程分享时说，她以前就是个"负面情绪集散中心"。上学的时候，只要看到有人买了个新包，买了只新口红，她就会说"还不是家里有钱"；有人评上先进，她就会说"还不是拍马屁拍来的";看到有人积极参加活动,她就说"怎么这么爱出风头"……

她总是怨天尤人,身边的朋友对她打招呼的时候状态不佳,就认为对方在排挤自己;她在工作中犯错了,就开始怀疑自己的能力;身边的合作伙伴在工作中犯错了,她就觉得对方敷衍怠工,是在用这样的方式排挤她。

2

很多人都有和我这位学员相似的心态,我们在心理学上称为"不当归因"。这些人非常容易高估"内在因素"的重要性,比如性格、感受、特质、喜好等,而忽视"外界环境"的重要性。

事实上,别人和她打招呼的态度不好,有时候只是因为对方刚刚熬夜完成一项工作,身心俱疲,自然没什么好脸色;她自己和同伴的工作失误,也经常只是因为这个项目有一个很容易忽略的陷阱,并不完全是工作态度和工作能力的问题。但她就是会完全忽略这些客观因素,把一切问题都归咎于个人,这样自然导致她无法与他人和谐相处,也让她性格越来越多疑,越来越敏感。

心理学中有一个"ABC 理论"。"A"代表一件事,"C"代表这件事产生的情绪。比如,今天下雨了(A)真烦人(C)。但是,由于人与人之间是有差别的,同一件事情发生在不同人身上,产生的情绪也是不一样的。因此,真正影响我们情绪的是另一个介质"B",即我们每个人对事情的看法。

既然了解了"B"的重要性,那么我们不妨通过调整"B",来改善自己的情绪。比如,同样接到上司临时加班的电话,与其想"真是烦,放假都不让人好好休息",还不如想"看来我的能力还不错,领导很器重我嘛"。"B"不一样,最后的情绪结果是不是也大不一样呢?

3

我以前有个同事晨明跟这位学员恰恰相反,在处理情绪方面做得得心应手。

为了赶进度,晨明负责的项目小组加班是经常的事情。可是,即便是每天加班到深夜,小组里也没有一个人抱怨,更没有一个人因为工作量大而马虎应付。出于好奇,我私下里问过晨明:"其他项目组,甚至竞争对手的情况我都了解过,完不成任务、拖进度,上司基本上都是火冒三丈,斥责下属不给力。可是你到底有什么法力无边的神力,可以让你的下属们在工作压力这么大的情况下,还提前完成工作?"

晨明哈哈大笑:"我哪有什么法力,我只是把自己的情绪控制好罢了。"

原来,晨明每次把任务分配给下属的时候,不会像其他的领导一样,对下属气吼吼地说"周日之前必须完成"就完了,而是说:"我知道难度比较大,但是我们这个项目比较急,周日之前必须完成,有什么问题可以随时问我。"这并不是一句空话,只要项目组遇到什么棘手的问题向他求助,晨明总是会放下手头的工作，先互助他们解决问题。

有时，面对组里实习生交上来的"惨不忍睹"的计划书，即使再烦躁、再无奈，晨明也不会对他们劈头盖脸一顿骂，而是控制住情绪，耐心地帮他们分析问题，作出指导，避免同类问题再次出现。

这样既可以缓解自己情绪上的压力，又能拉近与身边人的心理距离。晨明觉得在面对工作上的巨大压力时，与其板着一张脸，对下属施加压力，还不如真实地表达自己的情绪："这个项目确实有点复杂，公司给我们的时间有限，有难度我明白，我也压力很大，但是有你们这群有经验的职场老手，我相信我们可以完成得很好。"

晨明这样的态度大大舒缓了他手下员工的心情，他们听到了这样的话，心里也舒服了很多，自然能打起十二万分的精神面对挑战。

晨明说："我们项目组的工作本就很费脑子，再加上有时候甲方催工期，同事们难免会因为心情焦虑犯一些错误。我作为领导，就更不能火上浇油了，我们谁都有情绪，但是我们不能被情绪左右，我安抚他们，让他们精神上放松下来，工作也能做得更好不是吗？我要是太严厉，最后手底下的人都走光了，成了光杆司令，工作更完不成了。"

4

不管你的负面情绪有多小，都会影响到身边的人。即使在你眼里只是小事一桩，也会破坏你在别人心目中的印象，让别人敬而远之。所以，即使你不知道如何与人相处，也要学会控制情绪，不被情绪左右。

缓解情绪的方法有很多，只要适合自己就行。最简单的方法就是"说出来"，你可以找亲近的朋友一吐心事，让他们开导开导你，也可以通过记日记的方法写下来。到户外爬爬山、打打球、跳跳舞等也是缓解情绪的有效方法，想象自己把坏情绪打出去、甩出去，会让人内心觉得非常痛快。除此之外，你还可以通过逛街、按摩等休闲的方式来缓解情绪。

悲欢离合、喜怒哀乐，都是我们生活的一部分，我们应该坦然面对，做情绪的主人。要相信，只要我们愿意面对各种情绪，我们就有能力管理他们，而非被情绪所控。总之，情绪不是无可奈何、不受控制的，而是可以由我们自己掌控的。

不在沉默中爆发，就在沉默中灭亡

1

我们从小就接受这样的教育：在我们被学校的小同学欺负之后，回家告诉家长，家长总会告诉你，要忍让别人、包容别人，遇事不要哭，哭是软弱的表现。久而久之，我们不再对家长倾诉我们遭遇的那些困难，因为我们没办法从家长那里获得安慰，不如沉默。

这样的教育有错吗？

传统文化推崇包容和忍让，认为情绪是应该自己消化的东西。我们确实不应该让情绪影响到他人。但我们绝不能一味地用沉默回避我们的情绪，沉默并不是我们解决负面情绪的方式，只是我们对情绪问题的逃避罢了。

心理学研究表明，情绪也是一种能量。如果说我们长期通过沉默的方式压抑我们的情绪，这种能量就会一直累积下去，一旦有一天我们没有办法继续压抑这种情绪了，我们积蓄的情绪能量就会像泄洪之堤一样倾泻爆发，对我们身边的一切造成破坏性的损伤；即便我们没有遇到那个让我们情绪爆发的事件，那些负面情绪长期压抑于我们心中无法消解，久了也就成了抑郁。

所以你看，沉默并不能消弭我们的负面情绪，沉默不过是放纵负面情绪在他人看不到的地方增长，这样的放纵只会给我们带来难以估量的损失。

2

我们来看一下著名的霍桑实验。

霍桑工厂是美国一家生产电话的工厂，霍桑工厂的老板十分注重工作环境和员工心理状况，他在工厂内配备了完善的娱乐设施，同时给员工提供了完备的医疗制度和养老金制度，但即便是这样，霍桑工厂的工人们还是无法从工作中获得快乐，负面情绪在工厂里蔓延，整个工厂的工作效率十分低下。

美国心理研究会的科学家们为了探明这些工人们的心理状况，找到一众心理学家组成了一个研究小组。研究小组针对霍桑工厂的情况设计了一系列的实验，这些实验主要是研究工人生产效率和工作本身，以及办公环境物质条件之间的相互关系。实验小组设计的诸多实验中，有一个"谈话实验"。

所谓的"谈话实验"，其实就是指研究小组的心理学家们定期与工人进行谈话，倾听工人们对工厂的不满，并记录下工人们提出的这些问题。谈话过程中，心理学家和工厂管理层不能对工人们的不满进行驳斥。

科学家们进行了长达两年的实验，在这期间，研究小组的工作人员分别找了两万余人次的工人进行谈话。这次实验的成果十分惊人，霍桑工厂的工作效率达到了实验前的数倍。

为什么会产生这样惊人的实验结果呢？

答案其实很简单。在过去，霍桑工厂的那些工人们始终沉默地压抑着自己的情绪，不愿意和人诉说自己对工厂的不满，也没有人倾听他们的这些不满，久而久之这些情绪就影响到了他们的工作效率。而研究小组的"谈话实验"成了工人们情绪的宣泄口，工人们可以不再沉默，大方地说出自己的不满，发泄出自己的情绪。在情绪得到了宣泄之后，工人们心情舒畅，不再郁郁寡欢，工作起来自然格外有干劲，也就能达成好的业绩了。

不论是职场还是生活中，"霍桑实验"都能带给我们一些启发。情绪的发泄就像泄洪，堵不如疏。一味地沉默既会消耗我们的元气，让我们心情抑郁，也会影响到我们的工作效率和生活热情，给身边的人带来困扰。

3

控制情绪是件很难的事情，我们既不能胡乱发泄情绪，让自己的情绪影响到别人的生活，也不能压抑自己的情绪，把自己憋出内伤。我们到底应该怎样控制情绪呢？

我的邻居张太太就是控制情绪的高手。张太太的先生早逝，她独自把孩子拉扯大，如今儿子17岁了，正是青春期最叛逆的年龄。孩子常常和张太太发生争执，但令我们感到意外的是，张太太的儿子即便与张太太吵吵闹闹，但母子感情依然十分融洽。

我好奇地询问张太太，是如何保持与孩子的和睦关系的。

张太太笑着告诉我，秘诀就是沟通。很多家长在和孩子进行沟通的时候完全是出于形式主义，只是想着我应该和孩子沟通，但找孩子谈话的内容完全是单方面的责备，这样自然容易引起孩子的抵触情绪。尤其是那些在争吵之后才想着和孩子交流的家长，更加容易出现这样的问题。久而久之，孩子沉默了，寡言了，也就不再愿意和家长交流了。

每次和孩子出现分歧和矛盾之后，张太太都会在日记本上写下自己和孩子的争执核心，记录下两个人发生矛盾的根源，然后对矛盾进行分析。在充分理解了孩子的思路之后再去和孩子交流，两个人站在平等的立场上对话，孩子感觉自己得到了充分的尊重，自然愿意和母亲进行沟通。

沉默只是我们对情绪的逃避，既不能改善我们的情绪和生活状态，也不能解决问题。沉默不过是我们放纵情绪的挡箭牌，只有勇敢地面对我们的情绪，找到合理的发泄方式，加强我们与其他人的沟通，才能真正舒缓情绪，得到情绪的解脱。

为什么要用别人的错误惩罚自己

1

你是不是经常和朋友或者家人发生争执？

你是不是经常因为工作中的一些分歧而责怪自己的同事？

你是不是觉得老板和上司不能理解你，和你对着干？

在你觉得老板故意针对你的时候你是不是又想着要和老板对着干？

如果你有以上这些想法，那么很遗憾，你已经掉进了情绪的陷阱里。

我的一位学员小薇就曾经遇到过相似的问题。

小薇聪明伶俐，勤奋好学。她从大学毕业之后进了一家公司工作，她勤劳认真，第一个月就因业绩突出，破格转正。这样的员工自然深得老板喜爱，在月末大会上特意点名表扬了小薇，让老同事们向小薇学习。

这样的特殊关照自然让小薇备受瞩目——无论是好的还是坏的。她站上了公司风口，全公司上上下下几百人都盯着小薇，一些老员工在背后说小薇坏话，说她一个新人还这样抢风头，说不定和老板有什么关系。

小薇听到这样的流言十分气愤,她找到散播这个流言的同事,两个人大吵一架。领导找到两个人进行谈话,没想到那个同事倒打一耙,反而污蔑小薇性格急躁,影响办公气氛。小薇十分委屈,当即便向领导提出了辞职。

在现实生活中,很多人都曾遭遇过和小薇一样的问题。面对别人的错误或苛责,他们要么和小薇一样,做出冲动的选择,草率地逃避自己要面对的指责,要么从此封闭自己的内心,盲从于别人的评价,拼命地完成对方不合理的要求。

然而并不是所有人对你的评价都是客观公正的,这个世界上有许多吹毛求疵的人。如果一味地迎合这些人的意见,其实也是在用他们的错误惩罚你自己,因为这些意见并不能让你得到进步,反而会让你驻足不前。如果因为别人的错误评价而冲动地将错就错,甚至从此放弃自己的人生,那么受损的,只有你自己。

2

小薇的老板最终没有接受她的辞职申请,而是给她放了假,让她回家休息一段时间,调整好心态再来上班。

小薇向我倾诉了她的遭遇,我听后对她说,她的同事确实做得不对,但是她因此愤而辞职同样是不对的。在我看来,小薇这样的行为,其实就是在用同事的错误来惩罚自己。

听过我的话,小薇明显有些困惑。

我解释道如果她就这样辞职了，同事的工作不会受到任何影响，同事也不会因为她的言行受到任何惩罚，反而是她自己，会因此丢掉工作，那样的结局，实在是得不偿失又很滑稽。

小薇听了我的话，这才恍然大悟，但她依然不明白自己应该怎么处理这件事情。

我告诉她，既然领导没有接受你的辞呈，显然是已经有了安排，那么，你就应该珍惜这次来之不易的机会，重新回去上班。当然，在回去以后，你可以私下跟领导沟通，看看有没有别的解决办法。

后来，小薇听从我的建议，重新回到了公司，并且找领导进行了沟通，领导告诉小薇，会把她调动到别的岗位，希望她继续努力，再创佳绩。

3

在生活中，我们不可避免地会遇到像小薇同事那样心胸狭隘、自私自利的人，如果和他们斤斤计较，甚至因为他们而暴怒做出冲动的决定，最后后悔的只会是我们自己。

一名科学家做过这样的实验，这位科学家在容器里盛满了零度的清水，然后让处于不同情绪状态的人向容器中的试管里呼气。心态平和稳定的人呼出来的气体冷却后是透明无杂质的液体；悲伤痛苦的人呼出的气体冷却后有白色的沉淀；沉湎于悔恨中的人呼出的气体冷却下来之后有蛋白质的沉淀；而那些生气的人呼出的气体冷却之后出现了紫色的沉淀。科学家把生气的人呼出的气体冷却下来之后形成的液体注入白鼠的身体中，可怕的现象发生了，白鼠竟然就这样死了。

这个实验的结果如此令人心惊，而这一切，究竟是怎样发生的呢？原来，当人在生气的时候，身体会分泌一种毒素，正是这种毒素，导致了小白鼠的丧生。

你看，这便是坏情绪的巨大威力。

遗憾的是，在现实生活中，像小薇一样总是拿别人的错误惩罚自己的人其实并不在少数：一些上司在下属犯错的时候大动肝火，伤了自己的身体；一些下属觉得上司官僚作风，愤愤不平，坏了自己的心情；一些人和同事无法友好相处，争执不休，损了自己的前程；一些人和邻居为了鸡毛蒜皮的小事互相攻击，毁了美好的生活……

诚然，每个犯错的人都应该受到惩罚，但为什么别人犯了错，你却要生气？你生气了影响的只有你自己的身体健康，所以你为什么要用别人的错误惩罚自己？

4

丹麦思想家索伦·克尔凯郭尔有三条警示：1. 不要用自己的错误惩罚自己；2. 不要用自己的错误惩罚别人；3. 不要用别人的错误惩罚自己。

现代社会，我们总免不了要和其他人打交道。一旦和其他人打交道，就难免会和他人发生矛盾，矛盾一出现，我们不可避免地就要心情不好。这就需要我们事先做好心理建设，在我们可能和其他人发生争执的时候敲响警钟，时刻提醒自己忍让对方，包容对方，通过这样的方式避免直接冲突。

人生在世，有很多冲突是无法回避的，不论是生活还是工作，我们总会遇到一些我们看不惯的人和事。我们大可不必因为这些人和事而跟自己过不去，弄得自己心情苦闷。我们可以积极地提升自己，努力让自己变得更优秀。你自己的层次上去了之后，身边人的素质和层次也自然比以前更高，更难遇到小人。

小薇故事的结局是她去了新的部门，勤勤恳恳工作，获得了新部门同事的一致好评。

后来，小薇感慨地告诉我，果然不能用别人的错误惩罚自己，因为那些犯错的人总会因为自己的错误付出代价。

所以你看，不要再把时间浪费在无谓的愤怒中了，无视那些诋毁你的小人，努力做好你自己，慢慢地你就会发现自己越来越成功，而那些让你讨厌的人也就离你越来越远了。

谁这辈子没生过气

1

我曾经问过很多人一个问题：你生过气吗？

得到的答案几乎都是肯定的。很多人气鼓鼓地对我抱怨自己遇到的那些奇葩队友或同事，核心思想无非是自己再三忍让，对方却还是不依不饶蹬鼻子上脸。他们十分质疑，为什么这个世界上会有这样毫无牺牲奉献精神，完全不懂得体谅他人的人存在。明明自己说的是对的，为什么对方就是不能接受自己的观点。

在喋喋不休地抱怨一通之后，这些人常常会把话题转回到我身上，他们总会问我这样一个问题：

为什么你就很少被那些人困扰，你怎么那么幸运？

其实我并不幸运，我的生活中同样出现过许多我不喜欢的人。

2

我有一位学员曾经分享过她的大学经历。她的室友中有一个是来自北方的姑娘。这个姑娘为人热情，性格有些张扬，最大的缺点就是嗓门大。每天下课回到宿舍，大家都能看到她连着麦与男友对话，从下午一直到学校熄灯，姑娘和男友的对话，就这样飘荡在整个宿舍中。起初还好，但时间久了，大家难免会觉得聒噪。

这位学员跟另外两位室友都在明里暗里提醒过这位姑娘几次，让她打电话的声音小一点，时间短一点。在她们提建议之初，她还会稍微注意一点，打电话时间也从三四个小时缩短到了一两个钟头，然而过了一段时间之后，她又恢复如初，继续我行我素。

但毕竟大家是要相处四年的室友兼同学，还是得努力接受她的一切，即便她的电话声音已经影响到了大家的生活作息，还是不能讨厌她，不能厌恶她。

然而越是这么想，就越是关注这个女生。这学员发现这个女生学习十分不努力，很多作业都是拍照让男友代写，然后她直接抄袭男友给她做出的答案；然后又发现这个女生似乎也不太爱干净；她还经常丢三落四，钥匙和饭卡都丢了好几次。本来想努力让自己通过观察发现她的优点，进而喜欢上她，然而越是观察她就越是让人觉得难以忍受她。

那段时间，这学员说她走进了死胡同，更是难以忍受这名室友，也难以接受讨厌对方的自己。直到有位朋友一语点醒梦中人，这位朋友这样说："你不喜欢她就不要理她了呗，她现在抄作业抄笔记，到了考试的时候害的只会是她自己。"

"至于她丢三落四这个毛病，你又不是她妈，她丢三落四又跟你有什么关系。你甚至都不是她的朋友。"这位朋友接着说。

于是恍然大悟，之前的一切烦恼都柳暗花明。

很多人都和我这位学员一样，想着对方是我的室友，我应该忍让她，应该让自己努力喜欢上对方。然而恰恰是这样的想法让我们和对方的关系越来越糟糕。很多人越是想着，我们应该接纳对方，就会越关注对方，然后就会发现对方身上更多自己难以接受、难以忍受的点，最后关系变得越来越僵。

不同的生活环境和成长经历造就了每个人不同的人生观和世界观，还有不同的生活习惯。三观上的鸿沟让人和人之间的交流变得复杂了起来，而不同的生活习惯也会让朝夕相处的室友们出现摩擦，越是强迫自己接受对方的习惯和三观，就越是容易让自己崩溃。

因此，我们应该保持这样的信念：并不是所有人都喜欢你，你也不会喜欢身边的所有人。接受这一现实，承认人和人之间的差异和区别，可以让我们更好地接受自己，更好地忽略那些让我们感到不快的人。

3

那么我们应该如何跟那些我们不喜欢的人相处呢？

在这里教给大家十六字箴言：不建议，不主动，不深交，不说坏话，喜迎和。这十六字箴言可以解决绝大多数我们和那些我们不喜欢的人相处时遇到的问题。

以我这位学员和她那位室友的相处为例，不建议指的是类似于她经常丢三落四、抄作业的行为，她的身边一定有其他比我和她的关系更亲密的人已经指责过她的这些毛病了。如果她真的有心去改正这些毛病的话，根本轮不到这位和她不甚亲密的人来提出这些问题。忠言逆耳，如果继续向她提出建议，她只会产生逆反情绪，甚至对你这个人感到厌烦。

我们在生活中也不应该主动与这些我们不喜欢的人产生过多的接触。如果是类似于室友一类必须每天见面的关系，那么我们可以和对方做个点头之交，只在必要的时候随意寒暄几句。毕竟是每天都要见面的关系，如果我们太过主动和那些我们不喜欢的人相处，既不能让对方领情，我们自己也会觉得有些压抑。

在和那些我们不喜欢的人相处的时候自然也不应该深交，只谈谈共同话题就足够了。比如和室友相处的时候可以随便聊聊那些我们班上同学的人和事，强行和不喜欢的人分享自己的隐私只会让自己失去领地感和安全感，这会对我们的人际交往造成十分不良的影响。

更重要的是，我们要切记，千万不能在那些我们不喜欢的人面前说其他人的坏话。很多女生都遇到过这样的情况，她们跟甲同学吐槽乙同学，嘴里说着千万不要告诉别人哦。然后第二天就发现丙同学知道了自己的吐槽，再接下来，所有人都知道了这个女生讨厌乙同学的事情。这样的言论不断发酵，常常会酿成校园冷暴力和校园霸凌一类的恶性事件。

最后，在我们日常生活中可以尽量避开与对方的正面交锋。如果那些我们不喜欢的人大肆宣扬那些我们不能接受的观点和想法，我们正面迎合对方就好。争论没办法改变对方对事物的看法，只会影响对方对你这个人的想法，所以我们应该多赞同对方，哪怕这种赞同很敷衍。

4

通过这十六字箴言的实际运用，我们总能和相当一部分我们不喜欢的人和谐相处，然而在实际生活中却也还有很多没有办法解决的问题。比如上面提到的那个室友最大的毛病——制造噪音。

这些会影响到生活质量的生活习惯差异很难克服，但在我们通过十六字箴言与对方混熟了之后，我们大可以严肃地与对方进行一次交流，将对方给自己造成的困扰说出来，看对方愿不愿意改正。

与其生气，不如争气

1

我以前在网络上写文章之后经常能收获很多评论，时常有读者给我发消息，讲述他们的故事。有一天，我收到了这样一封读者来信。

来信的是一个高中男生，他在信中向我倾诉了他在学校里遭遇的不公。男生出身寒门，家里父母都是在城市务工的农民，他努力学习奋发图强才考上了这所重点中学的重点班。男生班级里的同学许多都是富家子弟，班主任也十分势利，经常对男生冷嘲热讽。男生因为自己的家境感到一些自卑，也因为命运的不公而感到愤怒。

在班上同学又一次因为男生的家境而暗讽他之后，男生与那名经常冷嘲热讽他的同学发生了争吵，被班主任发现之后责令他回家禁闭一天。男生在禁闭中给我写了这封信，想要知道该如何调整自己的心态。

我看了这封信，感慨良多。多年以前，我也曾经遇到过相似的情况。

2

在那个时代，向报刊杂志投稿远没有如今网络时代方便。常常一篇稿件投寄出去，大半个月才能收到回音。绝大多数编辑态度都很友好，他们会亲切地指出你文章中的问题，让你以后继续努力。

但也有这样的编辑，他们傲慢自大，对新人作者百般嫌弃。

这样的编辑和上文中欺负男孩的同学、老师便是同一种人。其实，在现实的生活中，我们每个人身边都会出现这种人，他们总是尖锐地指出我们的问题，不断地在我们的痛点上指指点点，让我们感到自己的无力，让我们感到愤怒，让我们想要与他们争吵，甚至让我们失去理智。

难道我们就要这样被他们牵着鼻子走吗？答案显然是否定的。因为如果我们因为对方毫无根据的指责和讥讽失去了理智，只会让对方更加得意。他们会说：你看，这就是一个失败者，一个在我指出他的问题之后只会跳脚泄愤的失败者。

这种时候，我们的愤怒反而会成为对方指责我们、污蔑我们的证据，我们的愤怒也不能让我们获得解脱，而只会让我们在流言中越陷越深。

问题是，面对那些伤害我们、激怒我们的人，我们究竟应该如何应对呢？

3

在收到那封充满冷嘲热讽的投稿回函之后,我当时也很气愤,也很难过,但冷静下来思考,确实是我自己的文章没有达到对方的采稿标准,这名编辑也只是措辞比较嘲讽而已。

愤怒就只是愤怒而已,只能让我们收获糟糕的心情,不能解决任何问题,也不能改变外人对我们的看法。

我今天被退稿,将来我就要这位编辑主动邀请我给他供稿。

时过境迁,在前段时间的作家交流峰会上,我终于又见到了那家杂志的那位编辑。

在向那位给我写信的读者回信的时候,我向他讲述了我年轻时的遭遇,我告诉他,与其生气,不如争气。就让时间证明一切吧,我们的努力永远不是无用功。

4

这个世界上的人通常可以分为两类:一种人是实干家,他们往往有着坚定的信念,并且脚踏实地,一步一个脚印地勤劳进取;另一种人则意志薄弱,他们在面对问题时首先想到的是抱怨,是生气,是对那些遇到的困难发泄不满。很多人之所以生气是因为他们觉得通过生气,他们可以扭转他人对自己的评价,可以让自己的危机感得到解除。然而事实并非如此,生气不但不能打消我们的忧虑,反而会让我们显得格外脆弱,显得很没有担当。

如果一个人养成了遭遇不平就愤怒的习惯，只会在有意无意间伤害到另外那些并没有对他们做出什么恶劣行为的人；生气只能让一个人的内心被怨恨和愤怒充斥，让他们不再去努力改变自己的生活环境，也失去继续努力的动力，使得处境更加糟糕。

葡萄牙作家费尔南多·佩索阿说："真正的景观是我们自己创造的，因为我们是它们的上帝。我对世界七大洲的任何地方既没有兴趣，也没有真正去看过。我游历我自己的第八大洲。"

我们的生活环境并不由他人决定，我们的未来，我们的命运图景全部是由我们自己选择而来的。

那些从不抱怨，从不因为不公正的待遇而愤怒的人往往更明白自己到底想要些什么，他们会把那些愤怒的人用来抱怨和生气的时间用于奋斗和努力之中。正是因为这样，这些人才总能用积极的心态去面对自己遭遇的不公，努力提升自己的弱项，让自己不断变强，让别人无话可说。

长期经历这样的磨炼，他们自然不会轻易被打垮，不会轻易地被击倒。

我们活在这个世界上，不可能每件事都能称心如意。那些有大智慧的人，那些成功的人，在遇到不利的环境时总会灵活变通，先从自己身上找原因，努力进取；而那些失败者则不知变通，用抱怨和愤怒向人展示他们的无力与弱小。

情绪低落时，可以假装一下快乐

1

我的朋友阿珂最近心情十分不美丽，整个人脸上弥漫着一股黑气，我们都很关心她，问她遭遇了什么，她也不肯说，只是强颜欢笑。我们想要帮助她，却也帮不上忙。

正好公司即将迎来一场重要的会议，我和我的朋友商量，要不要让我的朋友代替阿珂上台发言。没想到阿珂告诉我们，她可以自己上台。

我和朋友都为阿珂捏了一把汗，没想到在阿珂上台的时候，我们看到了一个容光焕发，精神饱满的阿珂。她看上去十分快乐，对会议内容踌躇满志，对公司前景充满信心。我们看到阿珂这样子，不由得放下心来。

但我还是十分好奇，阿珂明明早上跟我们相处的时候看上去还是强颜欢笑的样子，怎么这么快就快乐了起来，为什么她可以在这么短的时间内迅速调整好自己的心态。

在会后，我向阿珂提出了这个问题。这时的阿珂状态已经完全恢复了，她语调轻快，说话也自然轻松了不少，她告诉我，早上跟我们聊天的时候确实是勉强自己装出快乐的样子。

在会议开始之后，她发现自己没有假装太久，在演讲过程中，她很快地就融入了会场的气氛，整个人投入到了会议状态之中。而等到会议结束的时候，她甚至还觉得有些意犹未尽。

在会议开始之前那种毫无来由的忧郁和焦虑感在会议之后烟消云散，阿珂并不明白自己到底经历了什么，只说下次要是再感觉情绪低落了，也许可以假装快乐试试。

后来我联系了一个心理医生朋友，朋友听完阿珂的故事之后告诉我，阿珂的这种心理现象正是心理学界非常重要的一个新理论的表现：在你假装拥有某种愉悦的心情的时候，你常常可以真的获得你装出来的这种心情感受。

2

在过去的心理学研究中有这样一种观点，许多心理学家认为除非人们自己改变情绪，否则这些人的行为都不会发生改变。就比如很多大人在哄那些啼哭的婴儿时常常会对婴儿说"笑一个"，婴儿在听到大人的指令之后会勉强扯出一个笑脸，然而在笑一笑之后，这些婴儿经常就真的就此止住了啼哭，变得开心了起来。

我们装出来的快乐也能够改变我们的情绪，这种改变之后的情绪也能真正地影响到我们的行为，让我们真的快乐起来。

3

美国的心理学家艾克曼做过这样一个实验，他找了好几个实验者来参加实验，给这些心态平和、情绪稳定的实验者分别设定不同的环境，让这些实验者根据自己被预设的环境装出不同的情绪。一个被分配扮演"愤怒"的实验者，在实验之后真的脉搏变强，体温升高，表现出了愤怒的特征；而那个被分配扮演"快乐"

的实验者，在实验之后呼吸轻快，表情轻松，大脑内啡肽分泌增多，表现出了快乐情绪的特征。这个实验证明了我们的情绪可以影响到我们的行为，甚至一些生理特征，也证明了我们在想象着自己进入某种情绪、拥有某种情绪之后，这种情绪会真的发生在我们身上。

所以在我们感到烦闷和苦恼的时候，我们可以看看笑话，看看那些曾经给我们带来过快乐的东西，通过这样的方式让我们的心情变得爽朗起来。

通过假装出快乐的情绪，我们可以快速转换心情。但改善情绪并不仅仅局限于此，我们还可以在日常生活中多多训练，通过物质性的练习改善我们的情绪。比如我们都知道，我们大脑分泌出的内啡肽可以帮助我们缓解痛苦，让我们的心情变得舒畅起来。而除了正思维以外，运动、吃辛辣的食物都可以在短时间内增加我们内啡肽的分泌量。这就是为什么很多人在伤心难过的时候会想要去吃火锅，因为火锅确实可以有效地在短时间内提高我们的快乐感和幸福感。

但无论是运动还是吃辛辣的食物，都是治标不治本，只能解决一时的情绪低落，不能让我们的情绪得到根本性的好转，所以为了保持一个良好的心态和情绪状态，归根结底，我们还是得好好修炼，学会在面对不愉快的事情时，首先从积极的角度去思考问题，面对问题。而在我们还没有修炼到家，不能完美控制自己的情绪时，切记如果心情不好可以假装一下快乐，这能在短时间内快速给我们带来快乐的感觉。

第二章

你对情绪的认知，
决定了你的人生格局

总是控制不住自己的脾气，总是认为别人伤害了自己，总是忍不住在困难面前选择退缩，你真的天生如此吗？人们处理情绪的方式，与后天所受的教育和成长环境是分不开的，想要改变自己，就要正确认识情绪，了解情绪产生的原因。然后努力调整心态，让自己走出舒适区，走出情绪的小天地，迈向更广阔的人生。

你真的是天生脾气不好吗

1

"我就是天生脾气不好。"

我的一位学员阿文给我打电话的时候开门见山地对自己下了一个结语。我听了她的话,揣摩着她又和男朋友吵架了。仔细一问,果不其然。

争执的起因只是一件小事,阿文的男朋友嚼着口香糖在看电视,阿文看着他安坐在沙发上吹泡泡,又看看自己手中的扫帚,心头一阵无名火起,当时就把扫帚扔到了男朋友身边。男友看着她觉得有些莫名其妙,接过扫帚想要扫地。没想到阿文不依不饶,男友觉得很委屈,就和她吵了起来。

阿文在气头上说了很多十分难听的话,男朋友被她数落得一无是处，但他又实在不明白自己到底哪里激怒了阿文，于是转身离开，临走之前告诉阿文，如果继续这样不明不白地发火就要和她分手。

阿文已经不止一次因为火暴脾气而跟男友发生争吵了，阿文的前两任男友也都是因为受不了她易燃易爆炸的脾气离她而去的。现任男友性格非常温和，在过去的争吵中总是主动道歉，不断地包容、忍让阿文，但这一次，阿文却没有底气了。她说："我想他真的生气了，我这坏脾气改不掉的，或许我这种人就不配和人交往吧。"

阿文并不是个案。

这个世界上有许多人像她一样，脾气火暴性格急躁，发起脾气来不管不顾，一旦冷静下来就马上会为自己的坏脾气伤害到他人而感到后悔。他们中的很多人都和阿文一样，把自己的脾气问题归咎于基因，认为自己是天生脾气不好。

2

脾气真的是天生的吗？

答案显然是否定的。英国著名的儿童心理医生奥利弗·詹姆斯在他的作品《天生非此》(*Not in Your Genes*) 中提到了这样的观点：人的心理层面代际相似性是后天培养造成的。

这句话的意思是指我们的脾气和性格并非天生如此，而是后期培养形成的。我们性格与我们父辈性格的相似性来源于父母对我们的培养和言传身教，而不是来源于基因。那些扬言"我天生脾气不好"的人，不过是推卸责任罢了，他们既不愿意承认自己的情绪管理做得不够好，也不愿意面对自己可以通过努力改善自己脾气的现实。

说到这里，有些人可能又会反驳，家庭教育我们也无法改变呀。

的确，家庭教育无法更改，但在我们成长的过程中，究竟有没有可能通过自己的努力把自己的性格和脾气调整为健康的状态呢？

答案是肯定的。

我在接到阿文的求助电话之后，让她把自己遭遇的不幸福、不快乐的事情全部说出来，这样我才能为她排忧解难。我问阿文，男友到底做了什么让她那样暴躁。阿文告诉我，只是男友没有主动做家务而已，自己最近因为工作项目而身心俱疲，单位里的同事把所有任务全部甩到她一个人头上，她在单位有苦说不出。回家之后，看着坐在沙发上嚼口香糖的男友，一时怒火中烧，就把所有的坏情绪全部发泄在了男友身上。

很多人都是这样，而这种暴躁易怒和乱发脾气的情况，在夫妻和直系亲属关系里表现得更为突出，更为直接。很多人都容易形成一种惯性思维，觉得对方既然那么爱自己，就应该接纳自己的一切，无论是自己的任性还是自己的脾气。殊不知这样的发泄既不能解决问题，又容易伤害到那些真心爱我们的人，于是很多人在发泄之后，就像阿文一样很快就会对自己的行为感到后悔。

然而下一次出现问题的时候,又抑制不住地情绪爆炸。

3

那么,我们应该怎么样去控制自己的情绪呢?答案其实很简单。

首先,我们要合理地认知自己的脾气和情绪。

我们的脾气往往来源于生理和心理两个方面。从生理方面来说,脾气大常常是因为肝火太旺和内分泌失调。从心理方面来说,脾气主要和压力有关。所以,要想更好地控制自己的脾气和情绪,必须从生理和心理两方面入手。

一方面,要多注意调节身体,合理搭配饮食,多锻炼、多运动。另一方面,要多关注自己的心理健康,修身养性,比如,平时可以多看看调整心态的书籍、做做瑜伽等,时间久了,心态和脾气自然都会变好。

其次,当我们真的陷入愤怒情绪当中时,切记不要着急做出任何决定。

很多人在气头上很容易做出很疯狂的决定,比如:愤怒的父母宣称和孩子断绝关系、愤怒的丈夫向妻子挥出了家暴的拳头、愤怒的女孩向男朋友提出分手……之所以会这样,是因为当我们生气的时候,大脑皮层和丘脑下部会处于兴奋状态,这种兴奋状态会让我们分泌更多肾上腺素,进而引起血管收缩、心率加速、血压升高等生理现象,也就是动物的战斗状态。但这种战斗状态会让我们的大脑把我们的理智封存起来，很多人在这种状态下会比心态平稳的时候更具有攻击性。

所以，在感觉愤怒的时候，不要轻易作出决定。因为此时做出的决定，等到我们冷静下来用理智思考之后，可能会抱憾终生。

当感觉怒火攻心的时候，不妨试着做做深呼吸。深呼吸可以让大脑获得更多的供氧，缓解我们大脑的兴奋状态，通过深呼吸我们可以让自己更快地恢复理智，缩短大脑处于战斗状态的时间。深呼吸之后，我们可以转移自己的注意力，比如，去想一些快乐的事情、一些让我们有成就感的时刻、一些我们喜欢的人等。

或许，我们并不能完全杜绝愤怒和生气的情感，但我们可以努力减少愤怒造成的不良后果，努力减少我们发怒的频率。在我们愤怒的心情平复下来之后，我们可以做出理性的思考和反省，直面我们的愤怒，找到我们心中不理性的自己，与不理性的自己相辩论，然后得出一个理性的结论。这样，在我们下次遇到同样的问题时，就能理性看待，不易被激怒了。

一个人能否走向成功，看他情绪崩溃后的样子

1

因为从事文艺工作的缘故，我身边有许多神经纤细性格敏感的艺术家。他们经常陷入情绪崩溃的状态当中，每每他们受到挫

折给我打电话求助的时候,都会问我这样一个问题:"我要怎么样才能像你一样,碰到什么问题都能这么淡定?"

其实他们都不知道,哪怕是我,也经常会有不淡定的时刻,我也经常会有情绪崩溃的时候。只是我在情绪崩溃之后,可以直面我崩溃的情绪,然后重新建立起新的认知系统,每一次世界观的崩塌,都可以让我看到一个全新的世界。

其实我们形容情绪的时候用崩溃来描述并不那么恰当,如果我们的情绪真的崩溃了,那我们也不会再有什么情绪了。然而实际上我们所描述的情绪崩溃,恰恰是一个人情绪爆发最激烈的时刻,情绪崩溃指的是人们因为外界刺激,而出现了激烈的情绪反应,这种情绪反应超过了个人心理的承受能力,进而导致行为失控的现象。

很多人生格局不够大的人在情绪失控的时候往往只能对即时事件做出反应,然后让一切变成废墟。而那些对自己人生有规划,对生活有自己见解的人,哪怕情绪崩溃了,也是优雅的崩塌,他们会在情绪崩溃后的废墟上重建出一片新的花园。

2

我的学员莉莉在半年前就曾经历过一次情绪崩溃。

莉莉是某大学在读博士,她的男友是她的大学同学,在大学毕业后选择了自己创业,经营着一家小公司。莉莉在男友的支持下考研考博,感情十分和睦,甚至进展到了谈婚论嫁的程度。直到莉莉在一年半以前得到了一个出国留学的机会,出国留学的时间为一年。莉莉临行前，男友向莉莉求婚，说等到莉莉回国就和她结婚，让她做最幸福的新娘。

然而这个世界变得就是这么快，莉莉在美国的前半年，男友还能坚持每天顶着时差和她讲电话聊天，到了莉莉在美国的后半年，男友给她打电话的频率少了，两个人之间的共同话题也少了。莉莉隐约察觉有些不对，却没有放在心上，只想着赶快修完学分回国，就能和深爱的男友结婚了。

然而等到莉莉回到国内的时候，她却发现男友有了新女朋友。男友说自己和莉莉的差距越来越大，已经配不上莉莉了。

莉莉听了男友的话，感觉难以置信，又不可理喻，曾经的海誓山盟化作了一纸空谈。心情烦闷的莉莉只身来到酒吧喝酒，结果险些喝到酒精中毒。

我听说了莉莉的遭遇后，第一时间赶去她家看她。见到面容憔悴、整个人没精打采的莉莉，我既心疼又生气。然而，令我感到欣慰的是，在见到我的第一眼，莉莉便笃定地告诉我，她想通了，其实不用担心她，因为从醉酒醒来的那一刻起，她便在内心决绝地和过去告别了。

那一刻，看见瘦弱的莉莉眼神里透露出来坚定的目光，我觉得她是那样的美丽。在这场情绪崩溃中，她收获了成长，也完成了人生的蜕变。

3

和莉莉一样，很多人会在情绪崩溃之后都会做出一些失控的事情，但在他们情绪平复下来之后，又会对那些失控的事情追悔莫及。但其实情绪崩溃有时候并不完全是坏事，在情绪崩溃之后，那些曾经困扰我们的，隐藏于我们内心深处的毒瘤会随着崩溃的情绪一起消散。

科学家研究发现，我们情绪激烈变换的时候，我们的大脑会主动遗忘一些信息，同时强化另一些信息，让我们产生一些从前没有经历过的条件反射。就比如那些遭遇强盗抢劫的人，他们中的很多人不会记得强盗长什么样子，但他们总会记住闪着寒光的刀刃，并在以后的日常生活中对那些刀具避之不及。

心理学上有个"窄化效应"，这个概念是美国的罗文斯坦教授提出的，是说人因为只关注了某一时刻某一点的偏好而导致对原来的偏好出了问题。这样的窄化选择是有其优点的。科学家研究发现，那些在遭遇情绪崩溃的时候不急于为自己开脱，也不急于逃离痛苦情绪的人，常常会不断思考这个引发情绪崩溃事件的挑战性和威胁性。这些人的大脑会排列出一种自上而下的优先级顺序，并记住这种顺序，这样的记忆可以作为日后人们面对同样问题的经验。

这种优胜劣汰一般的效应可以适应人们的进化，也就是所谓的痛苦使人成长。

在生活中，我们每个人都不可避免地会经历崩溃的时刻，问题是，在崩溃过后，我们究竟会做出怎样的选择。我们是会把崩溃当作向身边的朋友亲人炫耀自己痛苦的工具，还是对自己的记忆和回忆进行梳理的手段？

我希望，你的选择会是后一种。

要明白，当你在崩溃中割舍掉了那些难舍的人、难舍的事情时，你就成了一个坚韧而成熟的人了。

没有不可能，只有不愿意改变

1

很多人在提到自己身上有什么问题的时候总爱说这样一句话：我天生如此，改不了的。

在我看来，这样的说辞就是推卸责任。诚然，我们的基因决定了很多问题，比如我们的智商、我们的身材、我们的长相，但这些都不是完全不能弥补的。

相信我们每个人身边都有这样的女孩，她们每天说得最多的话就是："我要减肥！"然而更常见的是，她们在说完这句话之后马上下单了一杯奶茶，吃下一块蛋糕，然后哭丧着脸说："不吃饱我是没有力气减肥的。"

难道减肥就真的这么困难吗？当然不是。我们当然不鼓励那些不吃晚饭的减肥方式，但是既然你选择了要减肥这条路，那你为什么还放不下你的小蛋糕呢？其实你不是不能减肥，你只是不愿意放弃你的喜好罢了。

经常有人这样抱怨，说我也想减肥，我是真的想减肥，可是我一开始减肥我身边的朋友家人就开始干扰我，跟我说我减了也没用。

但我们在成功路上哪有那么万事顺意的时候，挫折和打击都是难免的，我们想要成功的欲望越是强烈，那些干扰我们的声音和阻力也就越多。这就需要我们有顽强的意志和一定要成功的决心了。

虽然我这里以减肥为例，但现实生活中我们绝不仅仅只有在减肥的时候会遇到这些问题。很多人在情绪管理上也容易出现相似的情况，每当我们提到某人，你脾气是不是不太好，要不要控制一下，克服一下。他们总会说这样一句话：我天生就是这个性格，唉，我就是个急脾气，改不了的。

真的改不了吗？

其实并不是这样，你绝不是不可能改变，你只是不愿意改变罢了。

2

我曾经参加过一次心理辅导课，在课堂上，老师拿出三个沙包，在讲台上耍起了抛接沙包的杂技。台下的学生们看得目不转睛，都没想到老师竟然还学会了这门手艺。三分钟之后，老师停下了手上的动作，拿着沙包笑眯眯地看着台下，问有没有同学敢上台挑战一下抛沙包的功夫。

台下的学生们听了老师的话都笑了，许多人跃跃欲试，却始终没有人举手。学生们窃窃私语，"这样的功夫肯定不是一两下就能练成的，老师一定是下了苦功才学会的，我们上台不是丢人吗。""对呀，我们上台不是丢人吗，下课之前怎么可能学得会。"学生们言谈间都流露出了对老师杂技水平的赞许，以及对自己能力的不自信。

然而老师笑着打断了学生们的交流，笃定地说："你们每个人只要练习三个小时，肯定都能学会这门技术。"

学生们听了老师的话目瞪口呆，彼此之间交换着惊讶的眼神。

"三个小时？老师丢沙包是有什么秘诀吗？"一个在班上相当活跃的男生举手提问。

"没错，就是三个小时。"老师依旧笑眯眯地，学生们看着老师充满信心的表情，隐约被老师的自信感染了，想着要不然就试试看。

于是每个学生都抱着将信将疑的态度参与到了丢沙包的训练当中，没想到只用了九十分钟的时间，一般的学生都学会了老师传授的丢沙包技术。学生们纷纷惊叹，三小时之后，正如老师所言，班上的每一个学生都学会了怎么丢沙包。在课程的最后，老师回收了发给每个同学的沙包，然后问我们："超越极限，做到我们觉得不可能做到的事情感觉怎么样？"

台下的同学们异口同声地回答："开心！"

老师接着说:"我们很多时候没办法完成任务,并不是因为我们的能力有问题,而是我们总是被我们想象中的敌人打败了。在我们还没着手开始做一件事情的时候,先想着我们一定没办法完成这件事,那我们自然就没办法完成这件事。因为我们还没开始做这件事呢,就已经被吓坏了。一件事,如果你去做了,成功和失败的概率是五五开;但如果你不去做,你失败的概率就是百分之百。"

改变也是如此,很多人害怕改变,畏惧改变,根本原因就是他们不愿意离开现在的舒适区。

3

我的一个朋友是某单位的二把手,他的女儿从小接受良好的教育,本科和研究生都在美国就读,毕业回国后,她的第一份工作在北京,是一个大公司的总部并且颇受领导赏识。在大多数人眼里,这应该是个凭借自身能力在北京站稳脚跟,并升职加薪走上人生巅峰的完美童话。但一年之后我就听闻她离开北京回到家乡,目前在她父亲的单位工作。她在美国学的专业事实上与她父亲单位从事的行业几乎不相关,因此只能做一些对专业要求不太高的行政工作,薪资肯定不如在北京时那么高。

再和这位朋友见面时他聊起女儿,我问为什么放弃北京的工作回家乡,他告诉我其实女儿在北京工作不到半年就开始抱怨太累,每天上下班的公共交通也让人崩溃。现在回到家乡,每天可以坐父亲的车一道上下班,不需要支付房租也不用操心一日三餐和任何生活琐事,纵然工资少一些,但到手的钱几乎能全部用于自身消费，自然是比在北京更加舒适和稳定。

我想这或许是现在年轻人心态的一个缩影。走出舒适区的成本太高，远离家乡去大城市要背负高房价的压力，自己处理一切生活点滴又太过消耗精力，相形之下，舒适而稳定的生活自然更受青睐。

其实生活在舒适区并不仅仅只表现在职业选择，当下年轻人的业余生活状态和情感状况同样如此。长时间待在家里，离不开电脑和手机，依赖互联网生活，饿了就点外卖，不是非常必要的情况能不出门就不出门，这样的状态能精准描绘当下绝大部分的年轻人。他们生活在"家"这个舒适区里，享受这样的闲暇时光，不太愿意走出去探索未知的世界。情感上也是一样，随着年龄增长越发害怕和陌生人打交道，觉得自己有几个熟悉的朋友就够了，再从头开始了解一个人太累，风险也太高，不如不要。延伸开去，越来越多人倾向选择更长时间的单身，某种程度上也是因为不愿意花费时间去了解一个新人，他们的舒适区就是已经习惯了的单身生活和相对固定的交际圈，走出舒适区对他们来说意味着打破既有规则，重新理顺一套新规则并逐步适应，要付出的时间和精力成本，是许多年轻人不愿意承担的。

那些不愿走出舒适区的人们自己也明白，长时间生活在舒适区里固然能让人感到安全和稳定，但人生并没有绝对的安全。满足于舒适区里的生活，长期原地踏步甚至是危险的，没有成长、无法进步的人置身于不断变化和发展的环境里，总有一天可能会被时代抛下。

唯有认知自己的情绪，才有可能掌控情绪

1

每个人天生就有丰富的情感和思绪，也就是说是人就会有情绪。在生活和工作中，我们常常会有开心、悲伤、愤怒、忧伤等情绪，它们就像我们的影子，与我们形影不离。所以，我们无时无刻不在体会着我们的情绪，以及情绪带给我们身心的表现与变化。

虽然，情绪会在我们日常的生活和工作中被释放出来，通过我们的言行举止表现出来，但是如果我们不能控制好它，用情过度，不仅会伤心伤身，还会伤人。情绪是一种非常复杂的情感表达，我们的情绪越强烈，肢体动作也会随之变得强烈，心情也会格外激动。因此，激动的情绪是非常不利于我们的身心健康的。

如果不想自己因为情绪过激而做出一些追悔莫及的事，不想过激的情绪对自己的心理和生理造成伤害，不想过激的情绪对身边的人造成伤害，我们就要学会控制情绪，避免用情过度。而在控制情绪之前，我们首先要认知情绪。

2

有个叫小波的男孩，从小就是个倔强的孩子，而且特别容易爆发情绪，尤其喜欢生气发火。他总是会表现出过激的情绪，只要生气发火就会一发不可收拾，要么打人、要么摔东西。家里

的兄弟姐妹都无法忍受,小波自己也很苦恼,他的父母也非常无奈。

一次,父亲向他人请教,找到了一个好方法。父亲交给小波一块木板和一盒钉子,他说:"小波,你以后如果想要发脾气,就拿一颗钉子钉在木板上。"因为不受控的情绪,小波失去了很多与亲近的人和睦相处的机会,也失去了很多快乐。于是,他听从了父亲的建议。

每次要发脾气时,小波都会在木板上钉一颗钉子。开始用这个方法的第一天,小波不可置信地发现,自己一天竟然发了35次脾气,次数惊人。而且因为模板的密度很高,每钉一颗钉子,小波都要费好大的力气,有时甚至会磨破自己的手,面对这样的情形,小波内心很不安。

第二天,小波开始努力控制自己的情绪,因为他不想再让自己因为钉钉子而疲惫受伤。一天下来,小波发现,自己竟然比第一天少钉了8颗钉子,这样的结果让小波有些欣慰。于是在接下来的日子里,他每天都努力控制自己的坏情绪。

盒子里的钉子数量越来越少,小波每天钉钉子的颗数也越来越少。直到有一天,盒子里一颗钉子都没了,小波乱发脾气的次数相较以前少了很多,有时一天一次脾气都没有发过。而且他也发现,控制自己的情绪远比在木板上钉钉子要简单得多。

欣喜若狂的小波把自己的感悟告诉了父亲,父亲对他说:"那么,从现在开始,你可以试着从木板上拔钉子了。记住,如果你一整天都没有发脾气,那么你就可以拔一颗钉子。"

小波继续按照父亲说的话做。只要哪一天没有发脾气，他就会从木板上拔一颗钉子。有一天，木板上一颗钉子都没了，只留下了密密麻麻的小孔。小波抑制不住自己的激动，把布满小孔的木板拿给父亲看。

父亲看后说："小波，虽然你将木板上的钉子都拔掉了，但是原本光滑平整的木板也因此变得千疮百孔，再也无法变回当初的样子了。就好像在人的身上插一把刀，即使刀很快被拔出，伤口也不会那么快愈合，即使伤口愈合了也会留下永远抹不去的疤痕。你想想，你每次对亲近的人发脾气，是不是也在他们的心里插了一把刀？即使你事后会后悔会道歉，但是却在他们心里留下难以恢复的伤口和难以抹平的疤痕。你自己也会受到内心的谴责，感到不安。"

这个故事告诉我们，情绪来了我们不自知，就无法加以控制，它就会如同脱缰的野马，不仅伤人还伤己。因此，认知情绪，是我们在学习控制情绪前最重要的必修课。

3

美国著名心理学博士丹尼尔·戈尔曼，曾经在他的《情绪智力》（*Emotional Intelligence*）中，将人的情商能力及情绪认知概括为情绪觉知、情商能力、自我激励能力、认识他人情绪的能力、人际关系处理能力等五大能力。其中第一大能力也是最重要的能力就是情绪觉知，也就是说，我们需要培养认知自己情绪的能力，唯有认知自己的情绪，才有可能掌控情绪。那么，我们如何认知自己的情绪呢？

通常，我们可以通过以下几种方法来认知我们的情绪：

◆记录情绪

我们可以为自己做一张情绪记录表，内容包括产生情绪的类型、时间、地点、原因、过程等。每当我们爆发一次情绪后，最好能把这些内容详细地记录下来，把事发时的环境和参与者都一一记录清楚。

等到自己情绪稳定后，看看情绪记录表，分析自己情绪变化的过程，这样，将有利于让我们认清自己的情绪。所以，不妨让我们做一个自我情绪的有心人，记录下自己的日常情绪。

◆反思情绪

当我们在爆发了一次情绪后，我们就应该进行自我反思，并结合我们的情绪记录表，认真想想自己当时的情绪表达是否妥当。分析自己出现情绪的原因，从而想想如果以后再出现类似的情况，自己应该怎样更好地处理情绪，以便对自己的情绪有一个全新的认知。

这样，有助于我们在以后的生活和工作中避免发生类似的不良情绪，或是将类似的不良情绪控制在最低范围。

◆恳谈情绪

我们还可以通过他人来认知自己的情绪。比如，通过与亲近的人恳谈自己的情绪，让他们从旁观者的角度来给予一些关于我们自身情绪的看法和意见，有时候"当局者迷、旁观者清"，从他们的眼中，我们更能清楚地认知自己的情绪。

◆ 测试情绪

当然，我们也可以向专业人士咨询，通过他们来测试我们的情绪，从而认知情绪。

只有当我们认知到自己的情绪后，我们才能有针对性地找到最合适的方法来控制我们的情绪。

拥有成功者的心态，排除情绪障碍是关键

1

决定一个人情绪的因素有很多，这些因素包括我们的认知、性格、情感、意志、年龄、环境等方面。一旦某一个因素出现了问题，我们就可能会出现情绪问题。

有些青少年，因为面临升学、高考的压力，而常常狂躁不安；有些年轻人，在职场中常常会因为压力而心浮气躁；有些中年人，因为即将或者已经踏进更年期，而总是易怒、烦躁……

不管什么人，在什么样的阶段、什么样的环境下，或多或少会出现一些负面情绪。如果我们不能控制它，任由自己长期处于负面的情绪状态中，不仅会让自己感到压抑、不快，还会让自己陷入情绪障碍中，进而对心态造成严重的负面影响。

一个周末的早晨，我正在享受难得的懒觉时光，突然听到楼下一阵喧哗，原来是一个叫冰冰的女孩正站在楼顶上准备跳楼自杀，万幸的是她最后被成功解救了下来。

听说冰冰当天是做好了充分准备的，抱着必死的决心。之前都没有发现她有什么异常与先兆，所以她的这一举动震惊了我们整个小区。

后来我才了解到，冰冰刚刚参加了高考，而选择自杀的那天是放榜的第二天，很显然，她会选择轻生与高考成绩脱不了关系。冰冰一直是个品学兼优的孩子，几乎在家人、老师、同学的赞扬和羡慕下长大。

由于父母对她的期望很高，而她也是个很要强的孩子，所以，无论做什么事，都会给自己定下很高的目标，加之她自己的努力，从小到大几乎都是一帆风顺，没有遇到过什么大挫折。

偶尔有一些小小的失败或是没达到自己预想的目标，她就会用绝食这样的手段来惩罚和告诫自己，下次一定要做到最好。她的家人不仅没有觉得她这样是情绪有问题，没有阻止她这样的行为，反而还认为她很有骨气、有出息。

所以，当冰冰在高考这样的人生大事上遇到挫折后，她的不良情绪就被无形放大，形成了情绪障碍，从而严重影响了她的心态，接受不了比重点线差 5 分的冰冰竟然选择去轻生。

2

著名心理学家、认知疗法的创立者亚伦·贝克曾经说过，一个人之所以会出现情绪障碍，是由他的认知或认知方式的不合理造成的。那什么样的认知或认知方式是不合理的呢？

比如，有人认为自己应该受到周围所有人的喜爱；有人认为一个优秀的人必须在各方面都优秀，都比他人强，优秀的人应该是全能的人；有人认为有些人天生就是邪恶、卑鄙的坏人，必须接受谴责或处罚……诸如此类的偏激想法都是不合理的认知。

这些人无形地扩大不良的情绪，他们的认知方式是以偏概全、以一概十的，是不合理的。如果一个人有不合理的认知或认知方式就会出现情绪障碍。

通常，青年人是最容易出现情绪障碍的群体。他们受到心理发展和年龄特征的限制，常常会因为事情的发展与自己意愿相悖而难以接受，从而陷入不良情绪中无法自拔。于是他们的心理就会出现病态，不正常的心态致使他们做出一些自暴自弃的行为。

心理学家研究发现，有情绪障碍的人在某些方面会有非常惊人的才能，也就是我们常常说的"天才"，比如布莱克、拜伦、沃尔夫、舒曼等，他们都在年少时出现过不同程度的情绪障碍。而他们之所以没有受到情绪障碍的影响并最终获得成功，离不开他们对情绪障碍的排除。

他们在面对自己的负面情绪时，懂得把控，并摆正自己的心态。而那些无法排除情绪障碍的人，最终都被情感障碍折磨得不堪重负，甚至会因为严重痛苦而沉浸在悲观的心态中，无法走出来。

3

正所谓"一念天堂，一念地狱"，我们的情绪变化莫测，一念之差情绪产生的后果也会有着天壤之别。所以，我们想要到达人生的终点，拥有成功者的心态，就必须摆脱情绪障碍的束缚。

拥有成功者的心态，排除情绪障碍是关键。那么，我们要如何做才能真正排除情绪障碍呢？

◆学习掌握各项社会技能

人的一生都无法脱离社会，所以不可避免地要学习和掌握一些社会技能，如人际沟通的能力、解决问题的能力、释放压力的能力、应对突发事件的能力等。

我们只有学习和掌握了这些基本的社会技能，才不至于在面对人际交往、沟通，或遇到其他困难压力等情况时，无所适从，才能控制或避免我们的不良情绪蔓延，才不会被情绪困扰和束缚。

◆向身边的人合理地宣泄情绪

人生在世，不可能没有烦恼挫折，每个人都不可避免地会出现一些负面情绪。这时候，我们不能任由这些情绪发展蔓延，而是应该将它们宣泄出来。

我们的家人、朋友，或者心理医生都是很好的听众。他们会倾听我们的困惑和烦恼，会从旁观者的角度给予我们一些建议，帮助我们疏导和宣泄情绪。但是我们在向他们宣泄情绪时，应该试着让自己慢慢地放松平静下来，用合理的方式宣泄。

◆ 学会给自己积极的暗示

当自己遇到问题时，不妨给自己一些积极的心理暗示，比如告诉自己"会好的""没有那么糟糕"等，这样不仅能增强我们的信心，还能有效地缓解负面情绪。

◆ 心情不好，大哭一场又何妨

有时候，当我们伤心、难过时，也没有必要压抑自己的情绪，不妨大哭一场，这其实也是一种很好的发泄情绪的方式。当我们痛痛快快地大哭过后，内心的压抑和不快也会随着眼泪流出，并感到放松。

◆ 转移自己的注意力

忘记烦恼和忧伤最好的方法，就是转移自己的注意力。当我们的注意力不在让我们烦恼忧伤的事情上时，烦恼自然会得到减轻，忧伤自然会得到缓解。

比如，当我们遇到烦心事时，可以听听音乐，做做自己喜欢的事情等，以此转移注意力。

忧郁、抑郁是魔鬼，它们会吞噬你的乐观情绪

1

说到忧郁、抑郁，我们总是会想起林黛玉，一曲《葬花吟》，一幕悲凉的葬花，林黛玉仿佛成了忧郁、抑郁的"代言人"。花落凋零、人间百态……在林黛玉眼中总是那么凄凉，总是能让她

愁绪万千。正是她的郁结于心，常常以泪洗面，才造成最后的香消玉殒，为世人感伤与嗟叹。

虽说林黛玉只是小说里虚构的人物，但是她的红颜薄命，她的悲剧人生，她的多愁善感、她的忧郁在怀，还不能让我们警醒吗？

在阴雨连绵的天气里，我们总是会无精打采，心情低落；而在风和日丽的时候，我们又会莫名地心情愉悦，感觉全身充满能量。但是，如果你被阴雨天气影响的心情，在天气放晴后仍然没有得到缓解，久而久之，你的身心或许就会出现疾病。

在快节奏的现代生活和工作中，我们不可避免地会因为生活的压力、工作的压力而感到身心疲惫。但是我们不能让这样的状态一直持续下去，应该适当地放松一下自己，否则时间久了，我们很有可能因为过度的压抑而产生一些忧郁、抑郁的情绪。

同时，还会伴有食欲不振、失眠、悲观、失去自省等情况，这些情况如果不加以控制，就有可能激发我们的忧郁、抑郁的情绪，从而影响甚至吞噬我们的乐观情绪。

或许很多人会反驳：即使我在遇到问题时会出现一些不良的情绪；即使我有时会出现头晕、掌心出汗、失眠等症状；即使我偶尔也会无法集中精力，但是我很少愁眉苦脸，精神状态、精力都不错，也会常常参与集体活动，所以我不可能会忧郁、抑郁。

然而事实上，并不是只有愁眉苦脸才算是忧郁、抑郁。很多时候看似平静的状态，或许只是忧郁、抑郁的潜伏期，如果不能及时发现并排解不良情绪，时间久了，必然由量变到质变，最终产生严重的忧郁、抑郁，从而严重影响我们的身心健康。

2

张洋是个内敛温吞的人，他对个性直率的李欣很心动，认为二人的性格非常互补，婚后应该会过得很幸福，于是在相识半年后，便结了婚。

婚后第一年，他们有了孩子。在李欣怀孕期间，张洋因为欣喜，总是宠着、让着李欣。因为李欣的性格本就冲动，加上孕妇容易情绪化，所以李欣常常有些喜怒无常，即便如此，张洋也总是忍让，因为他体谅妻子怀孕的辛苦。

孩子出生了，是个女孩。张洋视孩子为珍宝。而李欣却不怎么会哄孩子，有时连抱孩子都会不耐烦。每当张洋看到妻子对孩子不耐烦时，就有些生气，但是他忍了下来，他知道妻子生孩子受了苦。

当李欣告诉张洋自己不是很喜欢孩子的时候，张洋觉得妻子一个人带孩子太辛苦，说的是一时的气话，也没有说什么。

一天，李欣再次提起自己不愿意带孩子，不喜欢孩子，要求把孩子送到乡下的公婆那里由他们来带。这次，张洋发怒了，夫妻二人大吵了一架。结果，李欣一气之下跑回了娘家。

事后，张洋觉得自己有些冲动，有些后悔，抱起孩子去了丈母娘家，再三向李欣认错，二人才一起带着孩子回到自己家。因为李欣坚持不带孩子，无奈之下，张洋不得不把自己的父母从乡下接过来帮忙。

其实之前他的父母是和他们住在一起的,但是因为李欣不愿意和公婆住在一起,所以张洋的父母才离开。对父母心怀内疚的张洋,这次把父母接过来后,便无法忍受李欣对自己父母的颐指气使,因此常常和李欣发生争吵。

有一次,李欣把家里的空调开得太低导致孩子发了高烧住进了医院。所幸,孩子并没有什么问题,退烧后就出了院。回到家后,张洋的父母把家里空调的温度调高了很多,这让怕热的李欣无法忍受,还对着公婆说道:"你们没有带好孩子,还把孩子生病的责任推到我身上……"李欣越说越来劲,刚回到家的张洋听见后,气不过便给了李欣一个耳光……

战争又一次爆发了,李欣再一次跑回了娘家。这一次,无论张洋和公婆怎么劝说都没有用,李欣就是不愿再回来,最终他们选择了离婚,孩子由张洋抚养。

张洋在与李欣的相处中,总是压抑自己的情绪,而自己却不自知。离婚后的张洋发现自己的脾气越来越差,一点点小事都会把他点爆。有时明知道是自己的问题,却还是忍不住向自己的父母发火,他无法控制。

后来,不知道怎么的,张洋开始不喜欢跟他人讲话,就连他曾经视为珍宝的女儿他也不愿意接触。整天把自己锁在房间里的张洋,有一天早上,趁家人不注意服下了大量的安眠药。幸好,被家人及时发现并送到医院抢救了回来。

张洋之所以这样,就是由于没有及时发现并控制治疗自己的情绪问题，最终演变成了抑郁症，造成了严重后果。

其实很多人常常会被一些让自己不愉快的事情影响，却自欺欺人地告诉自己没关系，自己没有那么在乎。事实上，在他们的潜意识里是非常在意的，甚至会觉得自己是受害者。这其实并不是在缓解自己的情绪，而是在压抑，压抑得久了就会让自己陷入忧郁、抑郁的情绪中无法自拔，严重的还会造成一些严重的后果。

3

不管是在生活中，还是在新闻报道中，我们常常会看到与张洋类似的故事。他们的经历是值得我们警惕的。要知道忧郁、抑郁是魔鬼，它们不仅会吞噬我们的乐观情绪，还会吞噬我们的身心健康，严重的甚至是生命。所以我们要让自己远离忧郁、抑郁，避免它们对我们的身心造成侵害。具体该如何做，相信以下两点可以帮助到你：

◆让自己的内心充满阳光，阴霾自然会远离我们

心中充满阳光，我们才能坦然面对那些不愉快的事情，看到积极的一面；而如果我们的内心满是阴霾，就算是遇到快乐的事情，也会看到它消极的一面。所以，我们应该让自己的心中充满阳光，这样我们才能驱走那些不好的情绪，带着笑容面对生活中的一切，而不是让自己被阴霾侵蚀。

◆如果发现我们的低落情绪持续时，要及时警醒自己

人生在世，遇到不顺心的事情，心情自然会变得低落，这是

不可避免的，我们不用太过在意，因为我们有很强大的自愈能力。但如果发现我们的低落情绪一直在持续，且没有好转的趋势时，我们就应该及时警醒自己，避免自己的忧郁、抑郁情绪加重。

忧郁、抑郁是魔鬼，它们会吞噬你的乐观情绪。在生活、工作节奏如此快速的时代，各种各样的心理疾病正在伺机侵蚀我们，所以我们要时刻保持警惕，不要为它们所困。远离忧郁、抑郁，我们的身心才不会"生病"，我们才能伴着乐观的情绪过好每一天。

用微笑去改变世界，别让世界改变了你的微笑

1

一个人在微笑的时候，是他最有魅力的时候。爱微笑的人乐观上进、热爱生活，对于具有这样人生态度的人，上天又怎么会不眷顾呢？

达·芬奇就是最好的证明，他用《蒙娜丽莎的微笑》征服了世界。微笑有强大的力量，它能让我们的心灵变得更美丽；它能让我们时刻体会到轻松快乐；它能让我们与他人之间的关系变得更亲密；它能让友善与朝气充斥世界的各个角落。用真心的微笑去面对世界，改变世界，我们看到的世界才会色彩斑斓。

人生路上难免有很多不如意的事，会遇到荆棘，遭遇坎坷，当我们无所适从的时候，总是会让自己陷入失落悲观的情绪中，让那些苦难带走我们的微笑，改变我的微笑。

"物随心转，境由人造"，一个人所看到的世界，所感受的生活是由心境决定的，而不是环境。如果我们总是愁眉苦脸，所看到就是暗淡无光的世界；如果我们总是觉得自己霉运连连，幸运女神永远也不可能眷顾我们；但如果我们总是心怀美好，所看的就是色彩斑斓的世界，我们的生活也会充满阳光。

　　只有用微笑去面对生活，改变世界，生活才会用微笑回敬我们，世界才不会改变我们的微笑。

　　从何时起，我们脸上的微笑不见了？从何时起，我们总是把疲倦和愁容挂在脸上？在快节奏的生活和工作中，我们的确被压得快要窒息了，既然苦难也要承受，快乐也要承受，那我们何不用愉悦的姿态去面对这一切呢？

　　乐观的人总是会用微笑去面对生活中的一切烦恼，失败的时候，他们用微笑鼓励自己增强信心；尴尬的时候，他们用微笑来缓解尴尬；失意的时候，他们用微笑重燃人生的希望……喜欢微笑的人总是能从容淡定地过好每一天，既让自己轻松快乐，也让身边的人感受到世界的温暖。

　　我工作的地方在一座商住两用大楼里，每次坐电梯，都会觉得很头疼。当电梯门打开的那一刹那，几乎所有人都蜂拥而上，居民要赶着回家，上班族怕上班迟到。

　　好不容易等到电梯门快要关上准备上行时，门缝中冒出一只手："等一下！"门又开了，一个人挤了进来。几乎所有的人都会用厌恶和不耐烦的表情看着这个刚进来的人。

　　这时，又有一个小女孩走了进来，她似乎没有看到其他人可怕得要"吃人"的眼神，反而露出洁白的牙齿，用稚嫩而美好的微笑对着人们说："叔叔好，阿姨好……"

瞬间，之前紧张的气氛消失了，人们原本皱着的眉头松了，原本憋着的嘴角也上扬了。还有人笑着夸那个女孩懂礼貌，并和女孩的妈妈寒暄起来。看，这就是微笑的力量，小女孩一句简单的微笑问候，不仅缓和了他人的"敌意"，还拉近了彼此之间的距离。

从那之后，好像每个人都被小女孩感染，电梯里不管是认识的，还是不认识的，都会给对方一个微笑的表情。

乘坐电梯本是生活中一件非常细小的事，但如果我们用焦虑浮躁的心情看待，就会感到焦躁痛苦；反之，如果我们用乐观的心情，用微笑面对，就会感受到邻里之间的温暖，体会到生活中最真挚最简单的快乐。

在忙忙碌碌的现代生活中，微笑是最"廉价"的心情调节剂，因为它不需要成本，只要扬起你的嘴角，你就会感到快乐；微笑也是"无价之宝"，因为很多人总是有很多复杂的欲望，他们总是在为生活哀怨奔波，很难让自己开心地微笑。

虽然我们无法摆脱生活带给我们的磨难，但是我们可以用乐观的心态去面对这些磨难，笑看大千世界的风云变幻。

2

希尔顿曾经用 5000 美元起步开旅馆，当他的旅馆资产增加到 5100 万美元向母亲报喜时，他的母亲却告诉他："在我看来，现在的你与从前并没有什么区别，唯一不同的是，你的领带脏了一些。事实上，还有比 5100 万美元更有价值的东西需要你去把握。除了用真诚对待客户，你还要想想如何才能让每一个住过希尔顿旅馆的人还想再来。最好是用一种简单、容易、没有成本且长久有效的方法，这样你的旅馆才能有前途。"

后来，希尔顿找到了这个"一要简单，二要容易做，三要不花本钱，四要行之可久"的方法，那就是微笑。希尔顿要求自己的每一位员工无论多么辛劳疲惫，都必须对每一位顾客保持微笑，他说："微笑将有助于希尔顿旅馆面向世界性发展。"

事实上，希尔顿的想法是正确的，正是他的"微笑服务"，才有了现在的"希尔顿酒店王国"。

"你今天对客人微笑了没有？"已经成为希尔顿的经营理念。微笑是希尔顿酒店从创立之初到现在的最宝贵财富，也是它屹立不倒、不断壮大的制胜法宝。可见，微笑的力量多么强大。

3

微笑的力量不容小觑，它是传递美好和快乐的使者，它是拉近我们与他人之间距离无形的手，它是化解我们悲伤情绪的调节剂。用微笑面对世界，改变世界，我们才会看到希望的曙光。

所以，请保持住我们的微笑吧！

首先，让自己多接触那些轻松愉快的事情，尽量远离那些负面的消息，保持自己轻松愉快的心情。

其次，不妨在自己办公室的办公桌上、家里显眼的位置、手机的桌面上、电脑的桌面上放上自己微笑的照片，或是能给自己带来难忘且美好回忆的照片，或是自己心爱之人的照片，如孩子、父母、爱人等。当我们感到疲惫、感到难过时，看看这些照片，心情也会变好。

用微笑去改变世界，别让世界改变了你的微笑。请相信自己，我们的微笑是最美的，我们的微笑不仅是给别人看，也是给自己看的。所以，请让自己时刻保持微笑。

季羡林曾经说过："人生似一首诗，微笑着对它，拾取点点诗情片片诗意。"让我们用我们的微笑去创造美好幸福的世界吧！

第三章

不生气你就赢了，
摆脱感情用事的思考术

在与他人、与社会的磨合过程中，我们要用宽容和理性的目光去看待事物，不要被一时的冲动和爱憎所支配，只有这样才能活得更自在。有人说，人的成长过程就是与世界和解的过程，在这个过程中我们学会了接受不完美，学会了不感情用事，也学会了怎样与自己、与他人相处。

怎么做到爱自己

1

我们总说爱自己,但是很多人都不明白,怎么才叫爱自己。

想吃就吃想喝就喝?那是放纵;不想做工作就不做,遇到问题了就抱大腿?那是懒惰;买了好看的衣服就叫爱自己?可是你也不可能一直不买衣服,这是生活必须开支。

那么到底应该怎么爱自己呢?

我所理解的爱自己,指的就是让自己成为一个值得尊重的人,让自己成为一个快乐的人,不要为难自己去做那些自己做不到的事情,更不要刁难自己去做那些会让我们备感压力心情很不愉快的事情。

很多心灵鸡汤里经常说这么一句话,那就是每一个人都是值得被爱的。但是为什么还是没有人爱我们呢？在提出这个问题的时候，希望你对着镜子审视一下自己，你真的值得被爱吗？

一遇到挫折就气馁，一遇到风波就情绪崩溃，你让别人拿什么来爱你？

2

我曾经收到过一个读者发来的好友申请，这位读者在微信上缠着我聊了很久，聊人生聊理想，无所不聊。最后我看看时间，告诉他，小伙子已经占用了我不少时间了。小伙子发来一个惊讶的表情，说我以为老师您这么和蔼可亲的人会不介意我跟您多聊一会儿。

我确实愿意倾听年轻人的心声，但时间不是在我每天入睡的时候。而且我确实没办法和一个始终在同一个问题上打转的年轻人交流。

还有一位作者，每天都在深夜赶稿。在他赶稿的时候总会给我发微信，希望我每天深夜都能给他回复。我给这位年轻人提出修订意见的时候，总是觉得乐趣寥寥。因为我始终觉得这个年轻人并不在意自己写作的东西到底有没有意思，他只是在意我的评价，在意读者对他的评价，至于作品本身？他不介意的。

后来有一个朋友在我演讲完毕后找到我，跟我说：郑老师，我并不是个值得一提的人，为什么您会把我邀请进您的群。

以上这三位年轻朋友都有一个共同特征，就是对自己缺乏自信，始终觉得自己低人一等。我曾经也是这样一个渴望得到别人评价，渴望被别人倾听，渴望被别人理解的人。但是我渐渐地意识到，能够评价我们的只有我们自己，我们要学会重视自己的声音，而不是仅仅依靠外界给我们做出评判。

我对这三个年轻人下了一条共同的结语，希望他们能够对自己有平实的判断，不要心比天高，也不要妄自菲薄，简单地说，希望他们能够爱自己。

3

我们生活中经常遇到想法自相矛盾的情况，我们心中似乎总有两个小人在打架，一个说你听我的，听了不吃亏；一个说你别听他的听我的，他不是好人。这样的矛盾和挣扎让我们非常纠结，到底是要做一个快乐的"傻子"，还是昧着良心煎熬地做个"精明人"总能让人纠结很久。

在你帮助别人的时候，其实是在帮助自己，人际关系就像是银行，不往银行里存钱是取不出钱来的，即便现在有了信用卡，但是信用卡是有限额的，欠了债是要还的，这跟人与人之间的关系是一模一样的，想要获得良好的人际关系，就要学会先存钱，不到万不得已不要轻易取钱，这样才能积累财富，才能积累人际关系，你身边的人也会因此觉得你是一个值得别人付出情感交往的人，这些人就像一个人身边的镜子，当镜子映照出一个可爱的人，值得被尊重的人的时候，你才会觉得自己是可爱的，值得被尊重的，这才是真正的爱自己。

现代人太急于获利，功利心让一个人完全没有能力等待，常常是付出就要立即获得回报，结果有的年轻人居然身边一个朋友都没有，这样的人也不会有良好的夫妻关系，因为夫妻关系应当是最亲密的朋友，没有"义"不会有"情"。

想要让自己成为值得爱的人，还需要学会允许自己犯错，不要过度讨伐，允许自己犯错意味着你能够包容别人的错误，绝大多数人在自己犯错的时候会非常强烈地自我讨伐、批判，然后紧接着就会为自己找借口，把责任推卸到别人身上，不断地抱怨，怨天怨地怨父母怨生不逢时怨怀才不遇……因为只有抱怨别人才能把自己的错误转嫁到别人身上，从而有机会假装自己完美无缺，但这只会让你清楚地看到自己有多么令人讨厌，所以允许自己犯错，给自己时间成长，学会为自己负责，敢犯错，也敢承担犯错以后的责任，不要归罪他人，这才是打破死循环的开始。

生气的时候千万不要作任何决定

1

伊索曾经说过："人需要温顺，不要过度地生气，由于从愤怒中常会产生出对易怒的人的重大灾祸来。"人在生气愤怒的时候，往往会做出非常不理智的决定。

曾经有心理学家做过一个测试，该测试结果显示：一个人在生气愤怒的时候，是他智商最低的时候，此时所作出的决定，只有不到百分之十的正确性。一个人在生气时，其头脑处于发热状态，基本上失去了思考的能力，什么原则、理智通通都被抛到九霄云外，此时如何能做出明智、正确的决定呢？

喜怒哀乐是人的天性使然，生气时做出不理智的、错误的决定也是难免的。有些错误很小，可以在事后弥补，但有些错误却需要我们付出惨痛的代价，因为它们无法弥补。所以，当我们正在生气，处于愤怒中的时候，最好不要说话，也不要做出任何决定，这样才能避免出现无法弥补的错误，造成无法挽回的局面。

2

小静高中毕业后，进入了一家化妆品公司做销售员，虽然她的文凭不高，但是人长得漂亮，又很会与人交谈，因此业绩一直很好。她经过不断地学习和进修，拿到了自己梦寐以求的本科文凭。五年后，她就成为了这家公司的销售主管。

作为主管的她从没有对自己手下的销售人员有一点苛待，总是像对待自己的妹妹一样照顾，整个销售团队在她的带领下既团结又上进。但没想到，一次愤怒下的冲动抉择却让小静失去了这份工作。

一天，一位顾客来到专柜，说因为用了她们的化妆品出现了过敏症状，因此要求退货并赔偿各种医药费、误工费、精神损失费等各种费用。按理说，如果真的是产品出了问题，那么公司理赔也是应该的。但这位顾客的要求却明显超出了正常的范围，而且她所购买的化妆品已经用了一大半了，她也无法提供证据证明她的过敏是由于使用了该套化妆品所致。

小静了解了实情后,发现周围已经聚集了很多人,大家似乎都想看看公司会如何处理。小静为了尽快息事宁人,减少人员聚集和负面影响,于是答应了这位顾客的理赔。

然而,没想到的是,第二天公司经理却对小静一顿狠批,说她这样做就等于承认了公司产品有问题,以后再遇到这样的顾客就只能妥协理赔。听着经理咄咄逼人的话语,小静忍不住说:"我也是想着这样可以降低负面影响,那天围观的人太多了,根本就无法正常销售了。"

"你还有理了?你这样做就没有负面影响了吗?"经理不依不饶地继续怒吼。

"我知道这样做也不是很好,但总比被顾客说不负责任好吧?这个钱我出还不行吗?"小静说。

"你出?你很有钱吗?工作出错还强词夺理,能干就干,不能干走人!"经理继续愤怒地说。

万分委屈的小静立刻写了一份辞职报告交给了经理,而气头上的经理看也不看就同意了小静辞职。

结果,让经理后悔的是,小静离开后,销售部一片混乱,业绩直线下滑。而离开公司的小静,虽然也找了一份工作,但无论工作环境还是薪水都与这里差了很多。

两个人都是被愤怒冲昏了头脑,作出了不理智的决定,实在是可惜。

3

很多时候，当我们面对自己在乎的人时，总是会被他们的一言一行影响。或许他们一句无心的话，一个无意识的动作，就能牵动我们的心弦，掀起我们内心的波澜，让我们怒不可遏。但是千万不要把这些言语和行为当作是我们盛怒下做错决定的借口。要知道，一旦在不理智的情况下作了决定，便没有后悔的可能。

不要因为我们一时生气而做出让自己后悔不已的决定，在我们生气时，不妨这样做：

◆在心里默默数数，渐渐缓和我们的怒气

当我们非常愤怒的时候，不妨试着在心里默默数数，可以使我们心中的怒气渐渐缓和下来，等到我们的情绪平静后再说话。

◆尽量稳定自己的情绪，不要让自己的心情大起大落

一个人在处于不稳定的情绪中时，很容易出现大喜大悲的情况。为了避免自己出现怒不可遏的情况，最好能调整好自己的心态，稳定自己的情绪。

◆当自己有要生气的迹象时，最好能立刻离开事发现场

在日常生活中，生气是不可避免的，但是我们可以在生气之前，远离让自己生气的人或事。避免自己的怒气波及旁人，也能避免因为生气而对他人做出不理智的决定。

生气的时候千万不要作任何决定。当我们生气时，总是会把一件小事无限扩大，进而失去理智，甚至做出一些让自己悔恨不

已的错误决定。所以,我们应该对自己负责,对我们的言行负责,等到自己的心情平静下来后,再做决定。

冷处理,大事才能化小,小事才能化了

1

在生活中、工作中,我们难免会与他人产生各种各样的矛盾,与爱人发生争吵、与邻居产生矛盾、与同事出现隔阂等。当我们遇到这些情况的时候,不能冷静下来,反而揪着对方的错误和缺点不放,那么必将会激化我们与他人之间的矛盾。因此,当我们在与他人产生矛盾的时候,不妨学会"冷处理",让激烈的状态先冷却下来。

当我们遇到事物的复杂变化时,当我们身处逆境时,当我们面对与他人的矛盾时,如果能做到波澜不惊,控制自己的情绪,学会"冷处理",大事就能化小,小事就能化了。

丹丹和丈夫结婚快 10 年了,女儿也已经上了小学,但是两个人的感情依旧非常好,让很多同伴都很羡慕。有人问丹丹是不是有什么秘诀,丹丹说:"当然有啊,那就是遇到矛盾不要着急处理,先把问题放一放。"丹丹还说,这一点虽然看起来没什么,但她就是凭着这一点才和丈夫一直恩爱如初,特别是在刚开始成立小家庭的时候,由于突然要面对很多事情,所以两个人也常常发生矛盾。

刚结婚时,两个人买了新房,这本是一件值得高兴的事,但

是两个人却因为装修搞得鸡飞狗跳。原因是丹丹想要极简风，她觉得新家就要通透干净，简单大方，而且日后卫生也好搞。但丈夫却觉得极简风太没有人情味，不如走中式风，更有家的味道。关于厨房，丹丹想要开放式的，看起来宽敞通透。但丈夫觉得日常三餐他们都喜欢中餐，开放式厨房会让整个家都烟熏火燎。

总之，在整个装修过程中，大到房间格局，小到沙发颜色，两人一直争论不断。但是，每当两个人都到了快要爆发的时候，总会有一个人说："好了，我们先放一放这个问题。"

过了两天，丈夫对丹丹说："其实装修也不是什么大事，不过是我们生活中事情之一，所以就听你的，做极简风。"

见丈夫如此大度，丹丹也说："是啊，也不是什么大不了的事情，我们俩人的日子才是最重要的呢。所以，厨房的装修就听你的，不做开放式的了。"

其实，很多事情我们当时觉得是大事，但细想想也不过如此，冷静一段时间之后，就会发现所谓的"大事"，如果你把它看成小事，问题和矛盾常常瞬间就能化解。就像案例中的丹丹和丈夫，如果两个人都将装修看作是一辈子最大的事情，不加克制，那么势必会闹得天翻地覆，不可收拾。

2

人生在世，难免会有不如意的时候，这个时候就很容易产生激动的情绪，容易因为一些小事发火。殊不知发火不仅不会改变现状，反而会让事情变得更糟糕。还不如用"冷处理"的方式对待。

"冷处理"不仅能向他人展示我们的大度和涵养，还能更理智地处理问题。明智的人通常很少发火，因为他们知道生气只会让事情变得更糟，只有"冷处理"才能避免一触即发的矛盾。

王青和张璇都是非常自我的人，性格使然，以至于他们婚后的生活总是被争吵填满，各不相让。在张璇怀孕后，她的脾气更甚，这让无法忍受的王青开始在外面寻找"温柔乡"。孩子出生还不到一年，两人便离了婚。

离婚一年后，王青再婚了，二婚妻子名叫马梦月，是个大度的女人。在他们的婚礼上，张璇大闹一场，辱骂王青是不负责任的混蛋，辱骂马梦月是勾别人丈夫的狐狸精，这让在场的所有人看尽了笑话。

而马梦月却拦着自己的家人，让张璇发泄个够。最后张璇闹累了、骂累了，见没有人回应自己，只好灰头土脸地离开了，婚礼才得以继续进行。

事实上，马梦月是在王青离婚后才认识的，自己梦想中的婚礼因为张璇的大闹而无法愉快进行，马梦月也非常委屈。但是她却让自己保持冷静，采用了"冷处理"的方法，没有把事情闹大。

试想一下，如果当时马梦月没有控制自己的情绪，上去和张璇理论争吵，事情就会变得没完没了，当天的婚礼恐怕就会完全泡汤了。

王青看到马梦月的大度和"大事化小"后，更觉得自己找到了"良人"。在婚后倍加珍惜与马梦月的这份婚姻。婚后，每当王青和马梦月之间出现矛盾，或是王青发脾气，马梦月总是让自己先冷静下来，安静地听王青说。

等到王青情绪稳定下来后，再与他平静的沟通交流，表达自己的看法。久而久之原本脾气暴躁的王青也不再乱发脾气，他们的婚姻生活也变得越来越和谐。

试想一下，如果当初张璇也能学会"冷处理"，或许他们的婚姻就不会结束。反观马梦月，因为懂得"冷处理"，将大事化小，小事化了，所以才收获了和谐幸福的婚姻。

3

有时候，一件很小的事情会被无限地放大，一件大事也可能被化为小事，就看我们用什么样的心情什么样的态度去对待和处理。如果我们在面对事情的时候，采用"冷处理"，必然会获得意想不到的效果。

那么，我们要如何做，才能让自己在面对问题和冲突时"冷处理"，让大事化小，小事化了呢？

◆不要把自己的坏情绪压在心里，应该合理地宣泄出来

每个人都会有情绪不好的时候，此时，最好不要把它压抑在心里或是忽略它。我们应该合理地把这些情绪宣泄出来，避免积压过度。否则，很容易就会因为某件小事而爆发出来，一发不可收拾。

◆遇到问题或是与他人发生矛盾时，最好什么都不说、什么都不做

人在气头上的时候，无论说什么做什么，都是不理智的，都有可能将小事无限放大，伤人又伤己。所以，在这个时候，最好什么都不要说，什么都不要做。等到自己情绪稳定下来，再理智地处理问题。

此外，不良的情绪有时候会造成不可估量的严重后果，它就像一颗"定时炸弹"，随时可能因为一件小事而爆炸。我们只有在日常生活中时刻警醒自己，时刻注意缓解自己的不良情绪，在关键时刻，我们才有能力控制自己的情绪，让自己冷静下来，我们才能采取"冷处理"的方式，让大事化小，小事化了。

首先要意识到自己的性格有不足之处

1

很多经常陷入沮丧情绪中的人都很难意识到，自己的性格其实有很多不足之处。

这些人始终认为"我的性格非常正常，我没办法跟对方和睦相处，一定是因为对方性格有很大的缺陷"。在这样的心态作用下，很多人自然没办法摆脱对身边人的负面情绪。

相信很多人都遇到过吹毛求疵的人，和这种人相处并不愉快。就比如一场普通的朋友会面，有的人会提前十分钟到场，然后在约定时间开始读秒计时，然后在朋友赶到的时候斥责对方迟

到了多少秒。

再比如，有的母亲十分洁癖，她们无比在意孩子的书架是否整齐，书是不是从下到上从大到小叠放在一起。诚然，书架收拾干净整洁之后看起来确实赏心悦目，然而我们都知道收拾得太过整齐的书房，反而很难快速找到我们需要的东西。

这是因为我们平常随意堆叠的东西虽然看起来混乱，但其实混乱之中是有其内在逻辑的。那些我们常用的书本工具往往会出现在我们手边触手可及的位置，而那些不常用的书籍则会堆叠在较远的角落。经过整理，虽然看上去整齐了，但逻辑荡然无存，自然很难找到我们需要的东西。

无论是书架不够整洁，还是在并不关键的约会上迟到一两分钟，都不是什么值得生气的事。然而有些人就是会因此而震怒，甚至情绪失控。

这样的愤怒毫无意义，伤害的也只是那些生气的人自己。因为对方并非刻意激怒这些吹毛求疵的人，只是这些人自己的性格有缺陷而已。

所以，要想不感情用事，不轻易生气，就应该先反思是不是自己的性格有些什么缺陷和不足。先确定是不是自己太过洁癖和严苛，等心态稳定下来之后，认真审视对方的缺点是否会造成巨大损失。

比如，守时就要分情况讨论，如果是重大会议或者乘车乘机，这种一旦迟到就会造成各种损失的场合，对时间要求严格一点自然是很正常的。但如果只是好友聚餐，本来就是为了沟通联络感情才选择一起出行的，这种场合因为一两分钟的迟到而发生争吵，实在是没有必要。

如果在并不紧急的情况下，自己依然对时间要求非常严格，甚至会因此产生愤怒的情绪，我们就应该引起警觉了。我们应该反思一下，是不是自己太过认真？如果答案是肯定的，那么我们索性老老实实地承认自己就是比别人在时间上要求更严格，这样冷静下来思考，我们就可以理性地看待身边朋友们的行为了。

2

在实际生活中，许多人听说要接受自己性格的不足，要努力正视自己性格中的缺陷和弱点就退缩了。其实这些人对改变性格这件事有些误解，他们之所以会觉得性格难以改变、无法改变的原因在于，他们觉得"改变"就是从一个极端走向另一个极端。

比如我的朋友阿文，她性格急躁，脾气火暴。我们都劝她要为人和善温和一些，但她总说，自己的性格是天生的，是没有办法改变的。事实上她就是害怕自己可能在改变性格的过程中遭到挫折，她担心自己一旦变得温和下来就没办法保护自己了。

这样的担心是多余的，我们寻求改变，寻求自己性格上的调整，主要是为了让我们的性格更接近于平均水平。就比如一个急性子，改变性格之后没有那么急躁了，我们不会认为这个人变成了做事爱拖延的慢性子，而是会觉得他整个人变得沉稳、冷静了。

再比如一个遇事不会拒绝人的好好先生，他不应该变成自私自利的样子，而是该变成大家心中有主见，不功利的人。所以我们应该找准自己性格中的缺陷，对症下药。

3

很多人无法直面自己性格的缺陷常常是因为没有办法换位思考。汽车大王亨利·福特说过：假如有什么成功秘诀的话，那就是设身处地地为别人着想，了解别人的观点和态度。因为这样不仅会使你与对方的沟通更为顺畅，还可以使你更清楚地了解对方的思维轨迹，从而做到有的放矢，直击要害。

在现实生活中，每个人生活的环境和在社会中扮演的角色各不相同，所以人们对于同一件事的看法也都各不相同。别人的观点和我们的观点相矛盾的时候，并不意味着别人的观点就一定是错的。很多时候，我们进行一下换位思考，说不定就能理解对方的观点了。

在社会心理学中把双方交换角色的行为称为"角色置换效应"，我们每个人在社会交际中充当着不同的角色，但在我们具体的交往过程中表现出的却是特定的角色。所以，我们在社会交往中总是习惯于从固定的角色出发，去看待我们身边的人和事。

就比如，那些当领导的男人在回到家中之后，把家人呼来喝去当作自己的下属使唤；那些当了老师的人，回家严厉要求自己的孩子，让自己的孩子每天在家过着上学一般的生活，没了课余时间，这些都是不对的，也就是没有随着环境调整好自己的角色。

不论你在外面是何等的高官，你回到家之后就是丈夫、父亲；不论你是谁的老师，你回到家中就是孩子的母亲、丈夫的妻子。适时地调换自己的角色，可以让我们更好地照顾到我们身边每一个人的情绪,而不是简单粗暴地说:"我的性格就是这样,不能接受我的性格你就走。"

很多时候,换一个角度,换一种思维方式,去体谅别人的心情,再来反思自己的生活,生活中绝大多数的摩擦和猜忌都是可以消除的,这样做可以让我们更好地与身边人沟通。没有人的性格是完美无缺的,你我也不例外,所以在遇到因为性格不合发生摩擦的时候,不妨也反思反思自己有没有什么可以做得更好的地方。

接受不完美,严格要求要有度

1

前段时间,我一位学员分享了自己曾去参加的一个瑜伽课程。

在瑜伽课上,她第一次发现原来自己有这么多缺点,上肢力量不足,在做平板支撑的时候既不能坚持很长时间,又不能像其他学员一样撑得又高又直;她的平衡感很糟糕,做竖式练习的时候整个人左摇右晃;最糟糕的是柔韧性,别的学员轻轻松松就能完成的下腰或者体前屈,对她来说简直要了老命。

"人生中第一次因为自己的身体原因产生了挫败感,在和瑜伽班同期其他学员的对比下,我看起来那么软弱无力。从小到大我都是班上的优等生,都是别人家的孩子,而这一次,我第一次产生了自己是差生、是落后分子的感觉。"

"于是我有些退缩了,我想着是不是应该放弃学习瑜伽这件事,可能自己确实没有天分。"她说。

瑜伽班的老师似乎看出了她的动摇,在一次课后准备离开的时候叫住了她。老师说:"你应该更接受、更喜爱我自己的身体。"

她有些疑惑,不知道老师是从何得出的这个结论。

老师接着对她说:"你对自己的身体接纳度不够高,其实动作不标准、肢体不协调等都不是什么严重的问题,重要的是你要先接受自己的身体,接受自己的一切。无论动作标不标准,你都不应该自怨自艾。只要你向着正确的方向,做到自己身体的极限,就可以实现自己的目标。你完全没必要和别人进行攀比,因为每个人身体素质和身体情况都是不一样的。"

听过老师的话,她豁然开朗。的确,每个人的身体素质都是不一样的,有些东西我们无论怎么努力可能做得都不如别人好,但是我们也不能就这样放弃努力,应该在自己力所能及的范围内做到最好,在能力范围内通过训练不断缩小和别人的差距,这又何尝不是一种成功呢?

2

小时候听过这样一个故事:被切掉了一个碎片的球想要找回完整的自我,于是它四处滚动寻找自己的碎片。因为这个球是不完整的,所以它滚动得很慢很慢。在寻找碎片的过程中,这个球在旅途中观赏鲜花,和路过的青虫们聊天对话,它充分地享受阳光的沐浴,慢悠悠地前进。

这个球在旅途中找到了许多不同的碎片，但这些碎片都不是这个球本来的那一块，于是这个球继续往前走着，希望找到属于自己的那块碎片。终于有一天，这个球找到了自己缺失的那一部分，变成了一个完整的球。

然而这个球在变成了完美的球之后，发现自己滚动的速度太过迅速了，它再也没有闲暇时间来欣赏路边的花朵了，再也没有时间和小虫对话了，甚至不能再停下来享受阳光了，它只能不断地向前奔跑。

球在意识到自己失去了幸福与快乐的时候，果断地舍弃了那块找回来的碎片。虽然这个球不再完美，但它却变得快乐起来了。

生活中，我们每个人都像这个球，常常因为自己和他人的不完美而愤怒和生气，却忽略了残缺也是一种美。

在现实生活中，没有人是十全十美的。如果只是一厢情愿地追求完美，并且拿完美去要求所有人，那我们一定是不快乐的。

3

古话说得好："水至清则无鱼，人至察则无徒。"

不论做事还是交友，首先要做到的就是学会宽容。不能总是盯着别人的缺点不放，看问题也不能只看到弊端和不太好的方面。我们应该体谅他人，在一些不太重要的小事上别太较真，这样才能和身边的人和事和谐相处，避免落得个孤芳自赏的下场。

生活中，经常有这样一种现象，那些大龄未婚待嫁的女性常常是优秀的精英阶层，为什么她们都难以觅得归宿？真的是因为她们都想要独身，不喜欢和人恋爱，不渴望爱情吗？

不全是这样。很多精英女性没有找到自己心目中的白马王子，又不肯屈就，随便嫁人了事。她们很多年来按照自己的理想寻觅完全合称的白马王子，却一无所获，归根结底就是她们的标准太高了。

英国有这样一句谚语："世界上没有不生杂草的庄园。"我们在和朋友相处的时候，不能抓对方的缺点不放，我们应该从整体入手，全面看待我们的朋友，发现亲密之人的长处，学会发现对方的优点。

这样，在对方出现一些错误和问题时，我们才能全面客观地进行对比，有时候你一一列举出来，就会发现对方身上那些我们讨厌的特质，其实跟对方的优点比起来微不足道。如果只是因为对方的缺点就放弃这个朋友甚至与对方交恶，实在是很不妥当的行为。

想明白了这些道理之后，这位学员继续坚持着自己的瑜伽训练。也不再和那些其他学员进行对比了，只是按照自己的节奏和步伐进行瑜伽练习。在瑜伽练习的过程中，每个体式都要坚持三分钟甚至更久，这些训练十分痛苦，但她渴望进步，渴望继续努力，渴望成长。

在她的坚持下，神奇的事情发生了，她的身体变得柔软了起来，而瑜伽动作也没有刚刚接触的时候那么让人痛苦了。

尽管还是做不好很多体式，身体也不够柔软，但作为一个瑜伽学习者来说，这又有什么关系呢，至少她努力过了，进步了，在接受了自己的不完美之后，忽然会突然发现这个世界很美好，所谓的不完美绝不是世界末日，它只是我们生命的一部分，接纳它，容忍它，我们就能看到更广阔的天地。

达到小目标，给自己大奖励

1

人们在设定目标的时候，会习惯性地把目标设置得稍高一些，目标高便需要自己多努力一下才能达到。诚然，这样在完成既定目标的时候，会获得一种很高的满足感。但大多数人很容易陷入的一个思维怪圈就是，如果我不能实现目标，那么我就是不够优秀或者能力不足，从而陷入一种消极自卑的情绪里，甚至自我否定。

学员小风说，在写毕业论文的时候，因为拖延症拖到截止日期前才开始动手，每天都非常焦虑。"我怎么会这样呢""我为什么不早点呢？"即使最后写完了，也还是没能从这种自我否定里走出来。

另一位学员小翠也同样是拖延，拖延到最后几天熬夜写完了后去痛痛快快地吃了顿火锅睡了一觉。但她没有焦虑也没有否定自己，因为她的目标就只是写论文，既然论文已经写完了，那就是达成了自己的目标，当然是件值得奖励的事情。

很多时候人们的焦虑和消极情绪来自内心对自己的期望（即

设立的目标）和实际情况的偏差值。这种落差有时不仅仅来自自身，有时更来自他人和环境的压力。

在课室时，如果所有人都设立目标自己要拿到 90 分，那么这个时候很多人就会觉得如果我的目标设立不到 90 分我就已经落于人后了。然而实际情况是自身在这个阶段或许只有 70 分的水平，在非常努力过后，也只能达到 80 分，造成与期望值的心理落差。

优秀的标准其实并不只有一种，而成功的方式也并非有一套固定的模板。100 分的卷子能够拿到满分当然是好事，如果拿不到也并不代表这就是失败。

提高的成绩已经对应了你现阶段的努力，如果持续努力，在未来也可以达到自己心里成功的这个目标。而为了不消磨掉自己这种进取的士气，则需要我们将一个大的目标拆分成无数个小的目标，并且为之设立起奖励规则。

2

在游戏里，一整条很复杂的故事线如果想让玩家能够持续游玩下去，会被拆分成数十个甚至数百个不同阶段的任务。任何一个任务都不会很复杂，都是只要一点点努力就可以达成的目标，并且伴随有一定奖励，而在完成一个大的阶段的时候，则会获得丰厚的奖励。这种完成任务的奖励模式可以带给玩家足够的成就感和满足感，这也是很多人热爱玩游戏的原因。

同样，在我们给自己设立目标的时候，也可以参考这种方式。我们在设立目标的时候，同样应该学会把大目标分解成小而具体的目标。同时，每个小目标都应有相应的奖赏。把包含每个小目标的目标列成表，在每项旁写上适当的奖励。

奖励品可以是你喜欢的任何东西。可以包括吃一顿火锅、一次路边的烤串、一次下午茶、一个毛绒玩具、一本书、一次游乐园、一顿高级餐厅的晚餐，或其他鉴于需要而控制着的愿望。

你也可以选择一次 SPA、一件心仪很久的衣服，听一场喜欢的演唱会、做一次美容作为奖励。无论程度如何，这种奖励应当是对你自我规制的一次短暂的放纵。

通常，合适的目标与奖励应当注意两点：

首先是奖励和目标的比例。比如，我把考上研究生作为我的一个长期目标，那么具体细分下来可以对应到每一节课的课堂测验和作业。我每在作业上拿到一个 A，我可以奖励自己去吃一次火锅；我最终成功地考上了研究生，我可以奖励自己一周的出国旅游。然而如果把在作业上拿一个 A 对应的奖励是一周的出国旅游，则是很明显的不成比例。

然后是这种奖励不能对你的目标造成伤害。最明显的例子大概是，如果我在减肥，我不能选择我每运动一次就去暴饮暴食一顿，这样的奖励无疑是毫无意义的。

3

这些小奖励可以增长你的信心和自我认同感，同时也不会让一个大的目标看起来过于遥远。考上心仪学校的研究生或许很难，但认真地完成一次作业并不难。比起游戏，来自学习或者工作方面的反馈是很慢的，而这种小的奖励则是让这种反馈来得更快，有了小奖励，可以保证执行力完成。

这些够一够就可以完成的目标和配套的小奖励可以不断地让你增加信心，获得正面的反馈。因为这些都是你可以做到的事情，既然是已经成功过，那就代表它并非难事。

这种模式最大的困难是很多人疲于拆分目标和设置奖励，总觉得降低预期是一种对自己不负责任甚至放弃的表现。但是，人总是一点点前进的，不可能靠几天的努力就从零一步跨到终点线，而是应当脚踏实地，一步一个脚印地稳稳当当走过去。

那些能够让你开心的奖励，短暂且有节制的放纵不会消磨你的心志，反而能让你更好地投身于接下来的活动。而适当地将视线从过于遥远的未来转向离你最近你能做好的事情，也不失是一个增强你自信的做法。

不积跬步，无以至千里。这种投入和产出的比例在每一个人心里一定会有一个杆秤，而把你的每一个"跬步"都放在这杆秤上，另一端放上相应的奖励，才能够让自己的内心获得平衡。

大声说"不"一点都不难

1

有心理学家研究发现，那些不善于拒绝他人要求的人比起那些擅长拒绝的人，更容易罹患抑郁症等心理疾病。

相信很多人都遇到过这样的情况：自己手头的工作还没做完，同事却要求你帮他做一些他需要完成的任务；把钱借给亲戚朋友，结果自己资金周转不灵，想要催债却又抹不下脸；身边的同事同学接连结婚生子，凑个热闹随份子就得随掉大量手头资金……

这一切的一切让我们承担了巨大的压力，却又无从诉苦，而在下一次这些麻烦找上门来的时候，我们还是硬着头皮咬牙答应这些请求，难以回绝。

"无法拒绝别人"这一特质在很多人身上越来越严重，以至于到了有些病态的程度了。

为什么会出现这种情况呢？

这和很多人从小接受的教育有关。国内很多家长在教育孩子的时候会要求孩子要听话，要懂事，要好好学习努力工作。其中，最重要的就是听话。家长让孩子做什么，孩子就得老老实实照办，拒绝了家长的要求，你就是个不听话的孩子，就是家长批评的对象。更有甚者，有些家长会在孩子小的时候，经常说"你不听话我们就不要你了"之类的话作为威胁。

在这样的教育环境下，很多人形成了"如果拒绝别人，我们就会失去他人的爱与关心"的潜意识。所以很多人硬着头皮接受一些不合理的请求，只是为了不失去那些所谓的"朋友"。

但真正的朋友绝不会在你困难的时候为难你，那些在你自顾不暇的时候还拼命找你帮忙的人一定不是你的真朋友。

但是在现实生活中,要拒绝别人其实并没有那么简单。现在这个社交时代,我们常常会担心:如果我不去这场婚礼,他们在朋友圈里提到这件事,我们该怎么办?如果我不借他们这笔钱,以后他们和朋友吐槽自己在危急关头没帮他们,怎么办?

这就需要我们学会艺术地拒绝别人了。

2

我们经常遇到这样的情况,在我们因为工作忙得焦头烂额无法抽身的时候,领导突然叫我们去准备下午会议的材料。如果我们遇到的领导恰好是那种性格暴躁,一旦你不顺着他说的做就开始对你发脾气的人,我们大可以这样拒绝他:

"知道了,但董事长要求我明天把这份文案交给他,等我把这份文案做完了就来帮您处理问题。"

这样说完,你的领导就会意识到,你现在很忙。而且你是在处理董事长安排的工作,而且这份工作只能由你来完成。领导在意识到这个问题之后,如果他十分着急需要处理这份文件,就会去找其他人帮他完成。如果他并不着急,那你也大可以在忙完手头的工作之后再来帮他处理。

在我们拒绝别人的时候,如果我们直接说:"我很忙,没空帮你找资料",那对方肯定会十分生气,觉得你只是在敷衍他,觉得没有得到你的重视。但是如果我们在说话时加入"但是""不过"这些转折词，表现出我们其实很想帮助对方，却因为客观因素没有办法帮到对方的态度，对方对我们的失望感和愤怒感就会大幅降低。

这样的沟通方式其实就是利用对方的潜意识与对方进行沟通，很多时候我们为什么会觉得拒绝对方是件非常困难的事情？那是因为我们没有掌握到拒绝的方法和窍门。

很多人在拒绝对方的时候，自以为自己说得很清楚了，可是在对方听来都是废话，无非是帮还是不帮，你说再多自己有多困难自己遇到了多大的事情，归根结底还是不帮。所以其实在拒绝别人的时候不需要说那么多话，表达清楚：想帮，帮不了！这个意思就完全足够了。

3

我们每个人都是感性的，没有谁能永远保持理性，所以在别人声泪俱下地求我们帮忙的时候，我们会心软；但反过来也是如此，我们只要把我们自己重视对方的心情传达出去了，对方也会对我们不能帮忙的行为表示谅解。

人之初，性本善，我们中的绝大部分人都是善良的，都是温和的，但这种善良和容忍并不是让别人可以无休止地从我们身上索取的理由，更不是我们被他人踩在脚下欺负的理由。

所以学会拒绝吧，别让你的包容和善良成为别人伤害你的武器！

第四章

掌控情绪从来都不靠忍

爆发的情绪就像喷发的火山，过度的压抑只会引发更大的灾难，要知道，掌控情绪从来都不是靠忍。有情绪，就要想办法发泄和疏导；有意见，就要想办法说出来，不要做一头闷不吭声、负重前行的驴。别人的误会和排挤、过去犯下的错误……这些事情都没那么重要，就让它随风而去，只有抛下情绪的包袱，我们才能在人生路上洒脱前行。

掌控情绪，做自己情绪的调节师

1

每个人都有情绪，或喜或悲。看似简单的情绪，却常常左右着我们的生活，影响着我们的心情。情绪愉悦时，我们看啥都顺眼，做什么都顺心，觉得生活是如此美好。可一旦遭遇不良情绪，我们的生活节奏就会被打乱，心情也变得起伏伏，失去理智不说还容易把坏情绪传递给身边的人。

不良情绪就像一个"捣蛋鬼"，将我们的生活与心情搅和得翻天覆地苦不堪言，每个人都想躲避不良情绪带给自己的麻烦与苦恼，却又不知如何下手。其实很简单，若想改善不良情绪带给我们的不利影响，我们就要学着控制自己的情绪，唯有这样才能掌控自己的生活与人生。否则，一个连情绪都控制不好的人，又如何去掌控人生呢？

2

老周是一家公司老总。周一早高峰，由于着急赶时间他不小心闯了红灯，结果被交警逮到了。批评教育不说，还得接受扣6分、罚款200元的处罚。老周为此十分生气，心想：我哪次不是奉公守法，就今天侥幸闯了一次还要被罚，每天不遵守交通规则的人那么多，为什么不去罚他们，真是太不公平了！

处理完罚款回到公司，紧接着便开会。会上，看到生产部门交上来的报表，没有达到规定任务，便毫不留情地批评了生产部经理，让他务必在半个月之内率领生产部员工把生产任务达标。否则，完不成任务就直接走人。

生产部经理在众人面前挨了批评，失了面子，心情很不爽。回到办公室后越想越生气：不就这段时间因为产品难做，落下了一些进度，至于说这样的狠话吗？

正在生闷气时，恰好秘书送文件过来了。经理接过秘书手中的文件粗略看了一下，便怒气冲冲地问："早上给你的那份文件呢，怎么没有送过来？"

"还没有整理好，晚一点我整理完了给您送过来。"秘书回答。

"什么？还没有整理好，这都多长时间了，你这秘书是怎么当的？能力不行就把位置空出来留给那些能力强的人，别整天一副无所事事的样子。"生产部经理一脸愤怒。

"嗯嗯，好的，我回去整理下，尽快给您送过来。"听到经理的话，秘书只得连连点头说好，可内心却十分不满，心想："我哪天不是兢兢业业工作，忙前忙后的？就因为这么点小事就说我能力不行，说话也太难听了！"

晚上，秘书下班回到家，看到 8 岁的儿子抱着一堆零食在沙发上看动画片，再看到早上出门前干干净净的客厅变得一片狼藉，余怒未消的她冲着儿子大骂："就知道看动画片，老师没教你要爱护清洁吗？赶紧做作业去，以后不准看电视。"说完，便抢过儿子手里的遥控器，将电视关了。

"不看就不看，有什么了不起的！"孩子也很生气，转身便踢翻了一旁的垃圾桶，然后气呼呼地进房间关上了门。

从这个故事中，我们可以看到不良情绪就像是一阵风一样，吹到哪里就蔓延到哪里。首先，老总被交警处罚有了坏情绪，接着又传给了生产部经理……最终，坏情绪被蔓延到一个年幼的孩子身上。

这中间，每个人受到不良情绪的侵袭后，心情瞬间就变得不好了。无法宣泄内心的愤怒，他们便从身边寻找一个弱者来充当自己的"出气筒"，拿对方撒气，并说一些刻薄的话来伤害他们。

尤其是自己的不良情绪与他人的不良情绪碰撞在一起时，更有可能发生一些无法预计的麻烦事，轻者吵架、谩骂，重者还有可能引发一些过激的行为，造成一些不必要的伤害。

因为一些不良情绪，就将自己的生活经营得乱七八糟，未免有些得不偿失。我们不妨扪心自问，如果你的朋友、领导、同事，因为自身情绪不佳，便把不良情绪带到彼此的工作中、生活中，把气撒在你身上，你又做何感想？内心会感到愉悦吗？

显然不能，每个人都不想自己的好心情被随意破坏，更不想充当别人的出气筒。既然如此，那我们就一定要学会控制自己的情绪，这样才不会在坏情绪的恶性循环下变成一个怒气冲冲的"炸弹"，给身边的人带去伤害。

3

也只有改善情绪、调整情绪，我们才能悦己悦人。具体如何做了，相信下面的几点方法能够帮助到你：

◆ 用音乐来放松心情

不管任何时候，听一段优美的旋律，听几首欢快的歌，都可以帮助我们改善自己的不良情绪。在音乐中，我们紧绷的神情可以得到适当的缓解与放松，在这种状态下，整个人的身心都会愉悦起来，内心对于不良情绪的注意力也可以得到分散。

因此，用音乐来放松心情缓解紧张与焦虑，就可以改善和控制不良情绪的滋生与蔓延。

◆ 多闻柠檬香气

有了不良情绪后，为了避免给自己和他人造成困扰，我们就要努力改善。

根据一项医学和心理学的研究，有专家发现，人们在嗅到柠檬的香气时，心情便会逐渐愉悦起来。这是因为柠檬的味道可以有效刺激人体血液中"正肾上腺素"浓度的增加，所以柠檬的香味才会有安神、净化空气、舒缓头痛和改善情绪的功效。

要想平复自己的情绪，改善不良情绪，不妨试着多闻闻柠檬香气。

◆进行心理暗示

在不良情绪滋生或将要滋生时，我们不妨对自己进行一些心理上的暗示，让积极情绪先入为主。

比如，每天出门前对自己说："早，今天又是美好的一天"或者在遇到一些令自己苦恼的事情时，不妨告诉自己"好心情是自己的，我不能轻易被外界的事物影响了心情"等。

每天对自己进行类似的心理暗示，久而久之，你便会发现不良情绪离自己越来越远了。

掌控情绪，做自己情绪的调节师，只有改善了情绪、调整了情绪，我们才能悦己悦人，让生活越来越美好，让心情越来越快乐。

你的情绪里，隐藏着你对生活的想法

1

身边有位朋友经常向我抱怨：为什么有的人不费吹灰之力就能轻轻松松考名校、入名企、买车买房……只要脑海里想什么，分分钟就能让梦想实现，这样的人生实在是太尽兴了，太让人羡慕了！

当然，不只朋友羡慕，我也十分羡慕。一帆风顺、春风得意的人生谁不想拥有？普天之下，恐怕谁都想拥有如此灿烂的人生吧！

2

我的邻居刘飞就拥有着如此春风得意的人生。每每提及刘飞,身边那些还在荆棘密布的丛林中挥舞的人,就会调侃地说:"咱们这人生是在地狱里开挂,人家刘飞的人生可是在天堂里开挂。"

刘飞的人生之所以开挂,并不是上天掉馅饼,而是靠着他自己一步一步披荆斩棘努力奋斗得来的。准确地说,他有如今的成就,与他善于控制自己的情绪,拥有良好的心态密切相关。

当身边的同学在人才市场里忙着找工作时,刘飞早已先人一步凭借自己的专业知识获得了一家名企的青睐,高高兴兴上班去了。几年后,当刘飞在事业上顺风顺水前途一片光明时,他却不顾家人的反对,又下海创业去了。

这一举动,在家人眼里看似太不理智,为此刘飞没少遭到家人的阻挠,父母甚至骂他:"这份工作让多少人梦寐以求,可你倒好,说不干就不干。创业哪有那么容易,一个不小心就会被打回原形,人生就得从头再来。"

父母的阻挠与谩骂并没有打消刘飞的想法,他也没有因为这些外在的因素就让自己的情绪变得糟糕,而是一门心思投入了创业中。几年后,刘飞便把自己的公司经营得有声有色,买了房买了车,还经常带着父母外出旅游。

很多人都认为刘飞命好,所以人生旅途才一帆风顺。可这一切并不像外人眼里看到的那样,刘飞的人生之所以顺畅,得益于他对待任何事物都能不骄不躁，以一颗平常心待之。

想当初，他也是从几百人的应聘者中，一路闯关冲出来的。工作后，当别的同事都在溜须拍马忙着四处拉拢与上司的关系时，他却在恶补自己的不足；当工作中遭遇不公、责骂时，他也没有怨天尤人任自己的情绪肆意宣泄，去影响身边的人。

哪怕后来自主创业，发展客户，遭遇了数不清的讥讽与嘲笑，他也没有将内心的失落与焦虑带到工作中去，而是化悲愤为力量，努力提升自己的工作和业务能力。也正是因为这份力量，所以，他的事业才能做得风生水起。

每个人的成功都不是偶然，都是经历辛苦奋斗后才逐渐拥有的。有些人看到他人的光鲜亮丽就觉得别人运气好，殊不知，看似风光无限光鲜亮丽的背后，何尝不是历经了辛酸无奈、委屈愤恨？

一个人得有多么强大的心理承受能力，才能将身边那些不良情绪扼杀在萌芽中，才能化悲愤为力量，将自己的人生过得阳光灿烂精彩纷呈。不可否认，刘飞就是这样一个内心强大的人，而刘飞之所以成功，便来源于他对情绪的把控能力。

生活中，大部人在受到委屈、误解、嘲讽时，内心难免会产生愤怒、悲观、焦虑等不良情绪，有的人不能合理地把控情绪，任由坏情绪肆意宣泄，这样不仅会扰乱自己内心的平衡和安宁，而且还会在无意间给他人的生活造成困扰，这无疑是不理智的。

相信很多人都曾有过刘飞的经历，也曾过五关斩六将来获取一份人人羡慕的工作,也曾灵光一闪立马就辞掉安稳的工作去做自己想做的事。

但令人遗憾的是,同样是经历了家人的阻挠与误解,遭遇客户的冷眼与不屑,刘飞因为对情绪进行了合理的把控,所以才走上了人生的辉煌。但有的人却因为遭遇失败与挫折,就在坏情绪的影响下自暴自弃、半途而废,甚至悲观厌世、萎靡不振。

试问,一个连情绪都控制不好的人,又如何能经营好自己的生活呢?

3

你的情绪里,隐藏着你对生活的样子。情绪重要到什么程度,看一个人对待生活的样子就能一目了然。拥有乐观情绪的人,对待生活自然是笑口常开,积极面对;而拥有悲观情绪的人,则会处处埋怨,整天愁眉苦脸。

这一点,在刘飞身上表现得淋漓尽致。闲暇之余,刘飞也会和我畅谈人生,约我去郊外爬山。对于爬山,我其实兴致并不高,在我看来,爬山不仅是一项体力活,还得忍受汗流浃背和气喘吁吁的不适感,还得面临一些突发状况,实在是遭罪。

但乐观的刘飞并不这样认为,他觉得爬到山顶一览众山小的感觉非常奇妙,可以欣赏到许多山脚下看不到的风景,内心豁然开朗不说,还会有一种特别的征服感,因为每次爬到山顶就会觉得人生又多了一份希望。

的确，攀登高峰的过程也是一项征服与挑战。当你坚定信心朝着自己的目标勇敢前行，并克服一切障碍到达终点时，你的人生就已经踏上了成功的旅程，看到了别人不曾看见的风景。

生活又何尝不是这样，就像有句话所说"哪有什么岁月静好，只不过是有人替你负重前行"。一帆风顺的生活，人人都很向往，但荆棘密布的生活也同样存在。面对生活的磨难，面对工作的压力，面对同事的排挤，面对邻里的矛盾，各种繁杂琐事让我们分身无术、疲于应对，此时我们又该如何应对？

是选择逃避？还是就此放弃？抑或是勇往直前？

显然，刘飞选择了第三者。他合理控制自己的情绪并加以利用，将情绪转化成一种向上的力量，然后把这种力量运用到工作和生活中。所以，他的人生才会如此成功，才会让人羡慕不已。

诚然，物质上的丰盈可以让我们少承受一些生活的艰辛，过得轻松快乐。但最终，快乐的源泉还是取决于我们自己的情绪。你想要过什么样的生活，想要拥有怎样的心情，取决于你对情绪的把控能力和努力奋斗的进取心。

一个人唯有将自己的情绪加以合理控制，才能让自己变得强大起来，才能"不以物喜，不以己悲"，以一颗平常心去看待身边的人和事，去直面生活的挑战。

你的情绪里，隐藏着你对生活的态度。要想让生活对你笑，你就得先对生活笑；要想让自己变得优秀，你就得学会把控自己的情绪。唯有如此，你才能发现生活的美好，享受美好的生活。

有些事没那么重要，就让它随风吧

1

有些我们认为天大的事，其实事后看来并没有那么严重，过个五年、十年来看，有些经历或许会成为我们成长中的一部分，而有些经历甚至都不会在我们的记忆里留下痕迹。

很多人都有过这样的经历，在学校里或者工作中，被老师或领导批评了。这些批评并不好听，却总能戳到我们的痛点。有些问题是我们通过努力可以改正的，但有些问题却是我们即便努力也很难改正过来的。很多人在听到这种批评之后，想的不是我该如何改进自己，而是"我应该忍受老师和领导的这些批评"，这样的心态其实是不科学的。

解决问题靠的从来都不是忍耐，如果说老师和领导指出的问题是错误的，是我们不能改正也不需要改正的东西，那我们大可左耳进右耳出。每个人的生活环境和人生阅历不同，领导和老师的意见不一定都是正确的，他们也不知道我们有哪些苦衷，人和人之间是很难互相理解的，但是我们至少可以保证自己不被对方的话影响到生活节奏。

有的时候我们的长辈提出的问题是我们自己确实存在的问题，这种时候我们可以平和一下心情，不要把对方指出问题的行为当作指责和抱怨，对方指出我们身上的问题无非是希望我们能够做得更好。所以我们应该在被责骂之后冷静下来，思考对方的话中有没有什么值得我们吸收和学习的部分，找出这些部分，消化它们，我们就能获得成长。

很多职场人在被领导批评之后总是特别紧张，觉得自己完蛋了，老板肯定不喜欢自己了。然后在见到老板的时候无比惶恐，谨小慎微地继续工作，生怕自己犯了什么错惹到老板不高兴，结果反而越错越多。

2

其实这种事情哪有那么可怕，老板也只是就事论事。在工作中犯错之后，我们应该首先思考，有没有办法弥补我们犯下的错误。员工在工作中一般很少遇到原则性问题，老板找我们谈话也无非是希望通过沟通可以让我们在工作中做得更好，做得更完美。

这样的谈话并不是刁难，也不是斥责。如果你因为这种谈话而背上了心理包袱，在工作中束手束脚，那反而才是得不偿失。所以我们应该放平自己的心态，在工作和生活中遇到困难的时候，不要想着怎么去逃避这些困难，也不要想着放弃，去想想我们应该怎么做，我们可以怎样弥补我们造成的这些问题。很多事情往往只是在发生之前看起来非常吓人，然而等你真的时过境迁回头再看，就会发现这些问题其实只是我们生活的一部分，并不值得我们那样担惊受怕。

我在读者来信中经常能看到许多人对我抱怨他们生活中遇到的困难，有的人碰到了丈夫出轨，有的学生即将面临期末大考，有的女孩就要结婚了，却产生了婚前抑郁情绪和焦虑症状……这里面的很多事情我都经历过，也见到我身边的朋友们经历过。这些问题本身并不可怕，可怕的是你如何看待这些问题。

如果你把你在生活中遭遇的一切挫折都当作磨难，当作命运对自己的惩罚，那你一定很难过得快乐，这些你经历的挫折会在你的心头留下一道印记，只等哪一天有人在你心上轻轻一敲，你的心就会随着这些印记四分五裂，难以复原。这个世界上没有什么天大的事是熬不过去的！

别让过激的情绪毁了你

1

就在不久前，一件在旁人看来非常微小的事情导致一对相恋三年的情侣最终选择了分手。热恋中的姑娘丽丽想和男友在七夕当天去一家高级餐厅共进烛光晚餐，为了不让男友破费，贴心的丽丽已经提前攒下了"私房钱"。

精心挑选出的小礼服和平时舍不得用的化妆品，数着日历等待七夕的日子里丽丽还特意去温习西餐的礼仪和有关红酒的知识，男友在电话中信誓旦旦的赴约宣言也让她雀跃期待着当天的约会，她希望能够留下属于自己的珍贵回忆。

可是当天男友给她带来的却是"难以磨灭"的回忆。精心打扮的她看到的是穿着印有卡通图像的T恤和裤脚沾着灰的牛仔裤，配着一双旧得看不出原本颜色的篮球鞋的男友。男友急匆匆跑过来，刚坐下就对她抱怨这里太难找，路上堵车上人又多，他快饿得前心贴后背了。

丽丽有些生气，自己已经提醒过他要注意着装，可他还是这样。想到这里她带着点埋怨的语气对男友说道："你看看其他男生的衣服，我前几天不是提醒过你换件正式点的衣服吗？"

谁知道男友听到这句话就急了，他瞪着丽丽说："我下班累得半死赶过来，哪有时间换什么衣服！"

丽丽当时就哭了起来，她抹着眼泪对男友说："你看看你自己这副样子，根本就不配合我的烛光晚餐。"

2

当代人在关系出现问题时，会采用急切表达自我情绪的方法企图让对方明白，却忘了应该先接受别人的情绪。人在急切情况下表达出的情绪，往往充斥着攻击性，口不择言正是最贴切的一个形容词，在这种情况下，对方也会被这些情绪激发出更多的负面情绪，双方针尖对麦芒，谁也不愿意先服软，最终形成一个死结，两个人互相伤害，直到结束这段关系。

有一个词大家应该很熟悉，叫"别人家的孩子"，来源于家长口中经常说的那句："你看看别人家的孩子有多么优秀！"

其实我们都明白，家长是想把优秀的例子展现给我们，让我们当榜样学习，努力向上。

但家长不明白，人并不是纯粹理性的生物，任何一句话都不单纯只有表面的含义。

在理解一句话之前，人会先评估两人的关系，这是理解一句话的基准。在不同的关系情景下，对同一句话的理解是不一样的。

倘若有人对你说："你是一个好人！"假设这是在你对女神告白后女神的回复，那这是一种拒绝。但如果这是一位你刚给他让了座位的老大爷说的呢？

所以，当家长对孩子搬出："你看看别人家的孩子有多么优秀！"这一亘古金句时，孩子第一时间会接收到如下信息：我的爸爸妈妈否认我和他们的亲子关系。敏感的孩子甚至会产生出父母是否在嫌弃、讨厌自己的想法，不然为何频频把自己和别人进行比较呢？

在这之后，孩子会在心里怀疑父母是不是真的爱自己，慢慢地，他们会对父母产生一种不信任感，也不愿意去亲近自己的父母。

很多家长会抱怨孩子和自己不亲，可他们不明白，尽管他们从未放弃、远离过孩子，但说者无心，听者有心，他们就是像这样无形中把孩子从自己身边"推开"的。

3

有些人也是通过这样的方法推开了自己的朋友。

先不妨听听这句话："现在你满意了吧！"是不是很耳熟？

事实上，没有人在说这句话的时候是处在满足、满意的状态。因为这句话隐含着一种控诉：是你故意让我掉进陷阱、让我出糗。

一般来说，这句话通常出现在朋友遇到困难向我们求助，我们给出了建议，对方却因为种种原因没有采纳你的建议，最终摔了跟头吃了亏的时候。

我们苦口婆心劝告一番，他却因为种种复杂原因没有采纳，并指责我们没有设身处地为他着想，站着说话不腰疼。在我们的心里，以为他再一次吃了亏以后，一定后悔没有听取我们的建议。结果，他却对着我们说出了："现在你满意了吧！"并就此斩断你们的友谊。

到底为什么为朋友着想的我们却落得如此结局？

那是因为在我们给他人提出建议时，会在无意中表达出这样一种情绪："你要是不听我的建议，会吃亏的哦！"

对方听到这句话，在潜意识地评估双方关系时，会很轻松地得到一个结论："我不想听你的，也不想吃亏，该怎么办呢？太简单了，只要我和你切断这份关系就可以了。"

我们遇到这种情况先不要责怪对方胡思乱想，曲解了我们意思。而是应该先想一想自己说的话是否刺伤了对方，自己的情绪是否过激了。情商低的一个主要表现就是，喜欢用断绝关系来逃离情感矛盾：一旦厌倦就想逃离；不能理性沟通就冷战；怕惹得对方生气就拒接电话；稍微察觉对方不爱就立刻选择分手。

可是在这个世界上，原本就没有绝对安全、稳固，像钻石一般长久的关系。

不论哪一段关系，时时刻刻都在改变着。只有铭记这一点，你才能从关系中获得成长，在人际交往中学会珍惜。

4

正因为我清楚地明白人与人之间关系的脆弱与敏感，所以我们在表达一件事时，应该先把情感表达清楚。至于是否一次性把事实和盘托出，就要根据对方对负面消息与刺激的消化能力进行判断。

在遇上人际矛盾时，我们必须从情感上优先表达一个观点：我很重视我们的关系！

很多人会问："你这样不觉得麻烦吗？"

其实，当我们形成了一定的习惯后是不会觉得麻烦的。但如果不这么做，我们的话将会给人留下无限猜测的空间，误会和后悔就会接踵而至，带来的猜忌和疏远就会把这段关系带入更麻烦的地步！

现在，我们已经知道丽丽不该说那句："你看看其他男生……"

其实她可以换个表达方式："早知道你今天穿的是T恤和牛仔裤，我就不穿小礼服了，我们两人的休闲服搭配起来，更像热恋的情侣！"

但是，我们不能责怪丽丽，因为大多数女生内心情感细腻敏感，男生要学会感知这种细腻，察言观色，在情感上做出回应。

所以，在听到丽丽说"你看看其他男生穿的衣服……"这句话时，男友完全可以回应："谢谢你这么看重这次约会，即便我没有其他男生穿得那么光彩耀人，你还是选择了我，这是我的荣幸。"

当我们想要表达某些情绪时，一定要先冷静思考思考一下，否则，当口不择言，充满攻击性的言语喷薄而出时，就会给双方的关系带来无法弥合的裂痕。

要学会用正确的方式和亲近的人交流，你一定能从沟通中获益。

金树人教授曾经说过："在黑暗中，我们带不走黑暗。在情绪中，我们也带不走情绪。"

只要我们能够察觉到情绪的存在，那情绪就有可能发生质变，只有当我们将自己和情绪分别看待时，我们才能真正接触到一段关系的真实。

不要拿过去的错误惩罚自己

1

电影《东邪西毒》中有一句话是这样说的："人的烦恼就是记性太好，如果可以把所有事都忘掉，以后每一日都是个新开始，你说多好。"

很多人在生活中产生厌烦情绪无非来源于两方面的因素：缅怀过去、恐惧将来。我们每个人在生活中总要接触许多人，遇到很多事，如果说那些我们曾经碰到的问题一直在我们脑海中占据着一个角落，这些问题累积多了，我们的情绪就会变得低落，心态也会变得不好。

我曾经看到过这样一个报道，美国的一位家庭主妇被称为记忆超女。她能够事无巨细地说出她从1980年开始每天经历的每一件事，无论这些事情的大小。媒体和群众对她的这一能力啧啧称奇，但这名主妇却对这种能力十分头疼，甚至为此而产生了一些抑郁情绪。

这名主妇在向一位教授写出的求助信里这样写道："总有人对我的能力表示羡慕，说羡慕我的记忆能力；还时常有人跳出来，说要考考我，看我能不能准确地说出某年某月我在做什么，但其实这些人都不懂我到底有多痛苦。我从来不看我过去的日记，也不看过去的日历，哪怕是我看到电视上显示出的一个日期，我也能清晰地想到我那年那天做了什么。从我11岁起，我就被我的回忆笼罩着，我每天都被迫想起我的一生，想起我过去的所有经历，回忆让我几近疯狂。"

比起这名主妇，我们无疑是幸运的。我们的生命一路走来，每天都要接触很多正面的、负面的、有趣的、无味的信息，我们的大脑给我们设置了一个滤网，让我们可以在大脑里保留那些美好的回忆，然后把那些负面的回忆剔除出去。

2

心理学家研究表明，人在正常情况下，每天会有大概 10 万左右的脑细胞死亡，而在受到外界强烈刺激的时候，我们的脑细胞就会加倍死亡。如果那些负面情绪长期停留在我们的大脑中，我们的大脑就会一直受到这些负面信息的刺激，长此以往就会对我们的大脑造成不可逆的损伤。所以我们应该学会遗忘过去那些不甚美好的经历，学会与过去的自己和解。

古希腊哲学家赫拉克利特曾经这样教育他的学生：每件事物随时都在发生变化，你不能两次踏进同一条河流。

那些对过去的错误耿耿于怀、无法释怀的人其实就是一直踩在同一条河里，他们随波逐流，不肯放过自己。对他们来说，难堪的回忆变成了脚下无法辨认的荆棘。当其他人大步向前迎接崭新未来的时候，沉浸在过去中的人却迟迟不敢跨出半步，唯恐疼痛再一次卷土重来。长此以往，只会止步不前，将自己困在只有痛苦的牢笼里，即使道路就在眼前也会选择性忽视。

这让我想到了古希腊诗人荷马的话：过去的事已经过去，过去的事无法挽回。当你每次为了无法挽回的事悔恨落泪的时候，大好的光阴和机会却在你手中呼啸而过。错误是客观存在的事实，我们对待过去的态度，就代表了未来对待我们的态度。须知，那些镌刻在书中的伟人也会犯错，但他们有宽广的胸襟，不但包容别人，更包容自己，才获得了一般人难以企及的成就。人的一生漫漫长路，世界上没有完美的人，也就没有完美的过去。我们要寻找到原谅自己的方法，拒绝让负能量消耗我们的精力，成为我们通往幸福的枷锁。

那么,既然痛苦的回忆对每个人来说都不可避免,我们要怎样做才能让自己尽快成为能够"跨出"自责圈的人呢?是不是真的每个人性格不同,我生来就是要放不下过去呢?在心理学界,有一小部分学者正对这种自我折磨的心理情况进行探索。已有研究发现,创伤对人的心理影响程度,不仅受个体不同的人格特质的影响,也与每个人所处的环境中所接收的信息有莫大的关联。

3

根据这一点,我们发现,要摆脱痛苦的情绪,我们可以用一些强制的手段来帮助自己。

首先要做的,便是接受过去的错误已经发生的事实。我们的痛苦很多时候是来自于后悔。每当夜深人静的时候,我们的脑海中就会不断上演"如果当初"的纠结,长此以往,只会不断地回忆那些令我们后悔的事。这时,我们可以借助一些笔记工具,将牵绊着自己的事统统写在笔记本里,然后问自己几个问题:

1. 这些令我后悔的事件,起因都是什么?我们要学会把这些令自己长久以来感到痛苦的源头分门别类,寻找到自己的后悔痛点。最好详细写下这些事发生的时间、起因,以及对现在的影响,能帮助我们更清晰地认识自己,为摆脱容易后悔的性格奠定基础。

2. 这件事是否还有更改或挽回的余地?如果要挽回该如何实施?事实上,有些人之所以容易后悔,就是因为他们对改变过去还有一丝希望。其实我们都明白，人生没有时光机可以重来，木已成舟便不能再挽留。我们并非要真的寻找到解决办法，而是通过对挽回策略的反复思考，加深自己过去的事已成定局的印象，在心理上接受自己的后悔并不会带来任何实质性结果。这种对自己心理的欺骗效应，有助于我们初步缓解焦虑的情绪，同时清楚地认识到后悔只是徒劳无益的事。

3. 我该怎样避免以后再犯类似的错误？习惯于用过去的错误束缚自己的人，往往最害怕的莫过于未来遇到同样的事。有研究表明，事先计划不管实用与否，都会带来自信的心理暗示。做到这一步，相信自己和过去已经不同，现在的自己有勇气、有能力面对同样的挑战。

任何人都会有因悔恨而痛苦的时候，但昨日之日不可追。我们要了解自己，掌握自己，只往上看，只往前看，善用以上这些自我缓解的方法，摆脱负面情绪的纠缠。

有意见，就要说

1

有一家公司的经理，最近在办公室墙上挂了这样四个大字：直言不讳。

公司的人看到这个匾额都觉得有些好笑，经理却是一脸淡定，认真地说，以后这四个字就是大家办公汇报的基本原则，希望大家以后在进行报告的时候严格遵守。

公司上下一片哗然，纷纷猜测经理这是受了什么刺激，我看着经理的样子，猜出了一些端倪。

上周，我们公司一个工作了十多年的老员工突然辞职了。这名老员工是我们经理的老下属，勤勤恳恳兢兢业业，从来到这家公司的第一天起就任劳任怨，平常也没见他出过什么岔子，怎么突然就离职了呢？

我们多方打探八卦，都没能搞清楚这其中缘由，最后还是经理自己开了口。原来这位老员工一直以来在公司都沉默寡言，老板和上司给他布置任务，他都按时按量地完成，不争不抢。然而今年他的部门新来了一位年轻领导，新官上任三把火，首先就找到老同志谈心，说大哥您不能太脱离群众，要积极参加公司活动，要更主动一些带领年轻人。年轻领导一片好心，然而这个老员工实在是不善言辞，越是让他参加工作中的社交活动，就越是让他压力倍增。

这位老员工压力越来越大，最后找到大领导，提出辞职申请。他找到了不强制要求他参与社交活动的下家，就此跳槽。

经理十分痛心，其实双方都是好意，也并不是什么无法解决的大问题。有话直说，直言不讳，可能就不会流失这样一名经验丰富的老员工了。

2

很多时候，我们都对"有话直说"这件事有误解。在中国的传统教育中，我们一直以来接受的教育都是：沉默是金。很多时候我们不能驳了别人的面子，也不能让自己的锋芒太露。毕竟枪打出头鸟，很多时候我们的直言不讳只能给我们招来一些没必要的麻烦。

然而在社交活动中，很容易出现另一个极端，那就是有话不说。很多人在工作中遇到什么问题了，碰到什么烦心事了，首先想着的是怎么自己解决这个问题，如果解决不了就想办法瞒过去，瞒不住了再来说，哎呀这事儿被我弄砸了。

可是有很多事情一开始就说出来的话可能从一开始就不是问题，比如我们手头接到一个工作，我们觉得自己做不完这个工作了，那我们就要及时向老板提出来，也许老板会对我们的工作能力产生一些质疑，但那也好过我们等到截止时间到了的时候，看着手头毫无进展的工作欲哭无泪要强。

有的人可能要说了，那我有话直说了啊，为什么其他人还会觉得我净瞎说话，觉得我不尊重他人？

这就是说话的艺术了。

我们应该有这样一个清醒的认知，我们的直言不讳和有意见就要说，根本目的是让我们能够更好地和他人交流，为了让他人知道，我们喜欢什么、不喜欢什么，是为了让别人知道什么样的行为和行动会伤害到我们，而不是为了和人吵架，和人争辩。

很多年轻人会对直言不讳有误解，他们理解的"真性情"其实往往是狭隘和粗鲁，是对他人的不尊重，但这太过偏颇了，导致的结果常常是"拿无知当个性"。

我们提倡的有话直说，是在其他人的行为给我们造成困扰的时候有话直说，有一说一，在保持礼节和礼貌的前提下，让他人明白我们的所思所想、所感所忧。

很多人都喜欢把事情憋在心里，不愿意和别人交流。可是别人又不是你肚子里的蛔虫，你不好好说明自己喜欢什么不喜欢什么，别人又怎么知道你想要的到底是什么呢。

3

有的时候我们难以做到有话直说，往往是因为没有掌握到沟通的方式。我们没有办法准确地表达出自己的想法和意见，最后导致自己不能做到有话直说，甚至说了之后对方也难以领会到自己对话里的精髓。在《非暴力沟通》这本书中，作者为我们提供了一个行之有效的沟通模型，我们的对话沟通通常可以分为四部分：事实、感受、想法、做法。

以文章开头提到的老员工的故事为例，老员工在与领导进行沟通的时候可以首先提出自己为工作公司十多年，任劳任怨但自己不善交际的事实；接着可以告诉领导，自己强行参与小组拓展活动会导致心情低落，甚至出现心理负担的感受；然后说出自己对于小组拓展活动的想法以及对以后公司小组活动的建议。

通过这样几步走，老员工既能说出自己的真实想法，又能让领导明白他的意思，也能给年轻的领导指引一个组织活动的方向，让年轻的领导以后在筹办活动时能考虑得更加周全。这样的结局不是就比老员工辞职，年轻领导还不知道自己到底哪里做得不对要好得多吗？

很多时候我们不敢开口，只是因为我们顾虑太多，担心自己说错话，又担心自己说的话不被采纳，还担心别人因为我们说的话而戴上有色眼镜看我们。其实这些担心都是多余的，也是没有必要的，只要我们抱着善意，抱着愿意沟通的心情去和别人讲话，大胆地有话直说，永远要比有话不说来得好。

不要在乎排挤，关键要自己强大

1

半年前某个工作日的早上，我在小区的池塘边看到了坐在那里的邻居家孩子小张。我看到小张十分惊讶，问他怎么不去上学，小张脸色阴沉，看了我好一会儿，突然眼泪止不住地落了下来。

我看到小张落泪可吓坏了，赶紧问他到底是发生了什么，要不要给他的妈妈打个电话。

小张拦下了我给他妈妈打电话的手，哽咽了好一会儿，问能不能到我家休息一下。我听了他的话，放下手机，邀他来我家做客。

小张在我家喝了杯茶，情绪平静了下来。他告诉我，他在学校被排挤了。小张家境并不太好，父亲早逝，母亲独自拉扯他长大，而小张在考取这所重点高中之后发现，身边的同学不是官二代就是富二代。小张起初并没有因为自己的家境而感到自卑，但消费水平的不同导致小张很难找到和身边同学们的共同话题。班上的同学周末一起去看了电影，小张没有收到邀请，昨天去班上一问，对方才说："原来你也要来啊？我们消费水平可是很高的，你过来可能有些……"说完齐声大笑，小张一时十分尴尬。

我听了小张的话，很是气愤，问小张有没有告诉老师。小张低着头告诉我，他觉得上高中了还告老师不太好，而且班上同学说得也没什么错，自己家境确实不好，也确实负担不起班上同学们的游乐开销。

我摸摸小张的头，对他说，他并没有做错什么，做错了的是那些排挤欺负他的同学。事实上这些同学挥霍的金钱也并不是他们自己挣来的，他们并没有小张优秀，但小张有着他们都没有的顽强和拼搏的品质，这种品质恰恰是最珍贵的，也是千金难换的。

小张听了我的话，点点头，但他还是有些迷茫，不知道自己应该怎么继续和同学们相处，他甚至因此产生了一些厌学的情绪。

我告诉小张，家境不好并不是他的错，但是如果因此不去上学可就得不偿失了。因为只有在学校努力学习，他才能改变自己的命运。别人说就让他们说去吧，自己强大就不必在意那些流言飞语。

小张似懂非懂，向我道谢之后回到了学校，我答应小张，今天的事情帮他向妈妈保密。

2

我们很多人在生活中都遇到过和小张相似的事情,学生时代我们会遇到那些搞小团体恶意竞争的同学,工作中会遇到抱团排挤新员工的老同事,那些被排挤的人坦坦荡荡,那些排挤人的人则是心胸狭隘。

我们之所以被排挤,常常是因为我们"不一样"。就比如小张,他一直努力学习,成绩始终是班上前两名,所以被那些抱团玩耍的富二代们贴上了书呆子的标签,所以他的家境才成为别人的嘲讽对象。为什么他们只能嘲笑小张的家境?因为这些富二代的成绩都十分糟糕,他们从别的角度是无法击败小张的。

所以他们对小张产生了羡慕嫉妒的心情,正是这样的阴暗心情才让他们放冷枪暗箭,让他们不断伤害小张。

我们面对这样的排挤和暗算其实没太多办法,毕竟大家都是在同一个团队里合作的同学同事,你不能因为被排挤就和对方撕破脸,因此退学更是因小失大。所以我们应该时常反省自己,认清自己,看看自己有没有什么能做的,看看自己有没有什么能够改变的。如果说我们遭到排挤确实跟我们的言行有关,那么我们就及时改正自己的错误。

3

心理学研究显示,很多时候很多人有这样一种倾向,他们习惯于根据人们的模式和这些人的特点给人贴上标签,然后把人按照标签分门别类。跟他们有着相同标签的人就是同类，那些标签不同的人就是异类，通过这样的分门别类，他们把自己和别人简单粗暴地分成几个类别，然后通过标签对人下结语。

排挤和小团体也就应运而生。我们在学生时代常常会发现那些来自同一个地方，同一个生活阶层的人更容易抱团，他们更容易形成更良好的互动，也能更好地交际，这就是他们利用地域给自己划分出了同类。

但有的时候，这种贴标签的方式并不能完全概括一个人，有些人常常会发现，有的人明明跟自己是一个圈子里的，为什么他的想法却跟我截然不同。

这个时候，这种通过贴标签判断一个人的手段就失效了。就比如我们经常能碰到那种上课睡觉下课玩游戏的同学，我们会给他贴上一个不努力不学无术的标签，然而有一天，我们不巧看到他的微博，竟然有数十万粉丝，我们就会觉得这个人超出了我们的理解范围，也就是说，我们对这个人的判断失效了，就会对这个同学产生新的认知。

这种新的认知往往会造成两种结果，一种是把对方的行为中不合理的部分合理化，比如微博十万粉可能是买的，也可能是他天天直播打游戏赚来的；另一种结果就是直接排挤这个异类。

有很多人会出于自己的嫉妒心和自己对稳定感的需求而针对那些优秀的人，他们常常会发动自己身边一切关系要好的朋友，去排挤对方，压迫对方，让对方感觉到自己在圈子里不受欢迎，从而收敛锋芒。

这种现象在心理学中称为"螃蟹效应",所谓的"螃蟹效应"指的是如果在一个办公室里,有一个员工格外的优秀,那么这名员工就很容易被针对,除非这名员工离职,或者他变得和其他人一样平庸。

你看,你被排挤并不是因为你有多糟糕,而是那些排挤你的人太糟糕了,他们没有办法接受比自己优秀的存在,换个思路去想,这些不够优秀的人自己都还没放弃人生呢,你又为什么要去在意那些不如你优秀的人的想法呢?

第五章

压力谁都有，
关键在于你如何转化它

每个人都有自己的压力,关键要看你怎么面对它。是开启抱怨模式,还是立即采取行动?是把希望寄托在虚幻的满足上,还是专注于真实的生活?是任由负面情绪滋生,还是以乐观的态度面对一切?是把压力一个人扛在身上,还是积极求助外力?不恰当的应对方式,让压力变成压垮骆驼的最后一根稻草;而正确的应对方式,则可以把压力转化为动力。

即使有负面情绪,也不要马上说出来

1

同事小王在办公室里对我们说,她家孩子最近看起来闷闷不乐的,不知道是不是遇到了什么困难。打电话问学校老师,老师说孩子在幼儿园的表现还挺不错;问爷爷奶奶是不是家里出了什么事情,爷爷奶奶也说没什么问题啊。小王很疑惑,不知道孩子到底是出了什么问题,她摇摇头,说:"烦死了"。

小王没有意识到,恰恰是自己的这句口头禅出了问题。最近公司频繁加班,小王的岗位首当其冲,压力非常大。小王每天在公司忙得焦头烂额,回家之后还得照顾孩子,她每天和孩子相处的时候脸色和表情都不太好,久而久之,孩子就感受到了她的压力。更要命的是,小王有个"烦死了"的口头禅,三四岁的孩子正是学习能力最强的时候,看着小王愁眉苦脸的样子,他也学着愁眉苦脸，说着"烦死了"。就这样，孩子才会看上去闷闷不乐。

心理学家研究表明，如果一个人长期使用同一个动作，或者老把同一句话挂在嘴边，这句话或者这个动作就会对大脑造成连续不可逆的影响。这种影响会让大脑把这句话当作一种生活习惯。如果一个人长期把负面情绪挂在嘴边，那么这个人就很可能在每次遇到糟心事的时候，马上吐露出消极的词汇，表现出心烦意乱的样子。

小王正是心理学家所说的这种人，小王性格急躁，遇到事情很容易冲动。这正是因为小王总是把自己的负面情绪当作口头禅，这种口头禅会对小王造成心理暗示，让她的情绪受到这些想法的影响，这种口头禅也让小王形成了不好的条件反射，一遇到问题就开始念叨口头禅，而一念叨口头禅，小王就感觉到自己的心情更加压抑了。

现代社会，大家都生活在高压环境中，许多人在生活中状态都十分松散，他们没有时刻绷紧现实生活中面对那些糟心事的那根弦，因此在压力降临的时候，他们只能通过口头禅来释放压力，缓解压力。

2

小王在和我们交流过之后，意识到了是不是因为自己最近工作压力太大，所以把不快乐的情绪传染给了自己的孩子。于是小王跟自己约法三章，让自己的先生监督自己，不能再在孩子面前露出不高兴的表情，不能再在孩子面前说"烦死了"，同时，孩子说"烦死了"的时候也要赶快接过孩子的话题,把他的注意力转移到别的方面。

在小王的努力下,孩子很快就改正了从小王那里学来的口头禅,孩子的心情变好了,小王自己在改正了口头禅之后,控制自己情绪的能力也比以前强了许多,她开始学着每天给自己一个微笑,遇到事情首先不再说"烦死了",而是说"没关系"。在这样的心理暗示下,小王的心态越来越好,工作状态也变得越来越出色了。

有很多人会在遇到不顺心的事情时,把自己的遭遇诉诸抱怨,抱怨这种行为简单地说就是向他人倾诉我们内心的危机感。但抱怨并不能减少我们的危机感,只会让我们在他人面前的形象显得十分脆弱。如果我们养成了抱怨的习惯,那我们时时刻刻都会不断地抱怨。天气不好,抱怨天气;工作不顺,抱怨老板;孩子不听话,抱怨孩子……这种种的抱怨只会让我们对身边的一切事物心生不满,这种不满不断叠加累积,却没有驱散的方法,于是裂痕渐渐成了鸿沟,我们心口的伤疤再也无法填补回去。

3

曾经听过这样一个故事,一个考学的书生郁郁不得志,整天游手好闲,在街上闲逛。他逛久了,玩够了,找到一个禅师,希望禅师可以解开他心中的郁结。

禅师看着书生,用手中的大勺舀起一瓢水,禅师问书生,他手中的水是什么形状的。

书生看着禅师勺子里的水，连连摇头，这是什么问题，水能有什么形状？

禅师没有回答书生的问题，只是把手中的水倒进了杯子。书生看着杯子里的水，恍然大悟，说这水是杯子形状的。

禅师依然摇头，否定了书生的答案。他提起手中的花瓶，把水倒在花瓶之中。

书生接着猜，难道水是花瓶形状的？

禅师还是摇头，然后把花瓶里的水倒进了装满泥沙的盆里，水就这样沁入泥土里，无影无踪了。禅师从花盆里抓起一把泥沙，叹息："这就是水的一生，水就这样消失了。"

秀才看着禅师的行动，思忖良久，终于悟出了禅师话中的含义。原来，禅师的意思是这一切的容器，从大勺到水杯，从水杯到花瓶，全都是这个社会的缩影，我们所处的社会就像是一个容器，人就应该像水一样，身处于什么环境就应该适应于什么环境。

我们所处的这个世界是有它自己的规则的，而且这些规则常常是以固定的形态出现的，但我们每个人自身是不变的。与其抱怨身边的环境不合适，身边的人不够好，不如改变自己，让自己去适应环境，让自己去适应这个社会。

我们每个人活在这个世界上，不可能什么事都顺心、如意，总会有很多我们无能为力的事、无力回天的事在不断发生着。那些有智慧的人在遇到不喜欢的环境时，总会选择改变自己，让自己适应这个环境；而那些愚笨的人则永远只会抱怨环境，不愿意自己做出改变，不愿意自己去适应环境。所以那些不能适应环境的人永远慢人一步，低人一等。

因此在遇到困难的时候，请停下你的抱怨，多说一些积极的话，多给自己几个微笑，你会快乐起来的。

真可惜，年纪轻轻就"死"在了朋友圈里

1

最近，学员晓雯屏蔽了她大学同学阿芳的微信朋友圈。

阿芳既没有身陷奇怪的传销组织，也没有转行去做代购微商，天天用小广告刷屏，她只是"死"在了朋友圈里。当然，阿芳并没有真的去世，她只是用朋友圈埋葬了当年的自己。阿芳是个积极上进，刻苦努力，热爱学习的女生，而不是朋友圈里的这个阿芳。

我们的朋友圈里，每天都有很多和阿芳一样的人，在慢慢"杀死"过去的自己。

每到周一，阿芳都会在朋友圈发一张新的照片，照片里常常是成堆的文件夹和办公用品。阿芳常常会在下面配文，感叹：又是新的一周，又是新的工作，什么时候才能从无尽的工作中解脱。

然而仔细看看阿芳晒出的文件照片，就会发现许多工作都是前一周积压下来没有做完的工作。

每到周二，阿芳就会在朋友圈晒家里的生活照，感叹自己做家务是如何的不易，孩子尚且年幼，老公也不帮忙分摊家务，生活十分不快乐。

阿芳的丈夫也是晓雯的大学同学，他深爱着阿芳，在阿芳怀孕期间每天都送饭到她的公司，除非是加班没办法回家，不然家里的家务他全包了。

晓雯看着阿芳这条朋友圈评论中，许多人点赞留言安慰阿芳，心里十分不是滋味。这样的"卖惨"固然可以博得许多人的同情，但对阿芳的爱人来说有些太不公平了。

周三，阿芳晒出了自己孩子的成绩单，感叹如今养娃不易，孩子学习不努力该如何是好。晓雯忍无可忍，私聊阿芳，说她这样直接把孩子的成绩单晒在朋友圈，可能会影响孩子的学习心态。阿芳没有给出任何回复，也没有删除这条朋友圈，只是继续发了更多让人觉得一言难尽的信息。

看着阿芳朋友圈越来越多的点赞数，晓雯无可奈何地屏蔽了她的朋友圈。她需要的或许并不是关心，而只是需要被点赞来维系自己在朋友圈的存在感罢了。

2

现代社会，很多人都把发朋友圈当作解压的方式，通过在朋友圈哭诉自己的经历，获得他人的共鸣，然而这种共鸣常常是虚假的，它并不能为你的实际工作和生活带来任何帮助，甚至那些博得关注的事件本身也有可能是虚假的。很多人越是日常生活空虚，就越发沉迷朋友圈，而越是沉溺于朋友圈里那些虚假的点赞，就越是觉得空虚，最后与理想中的自己越来越远，活成一具空壳。

德国诗人赫尔曼·黑塞在他的诗作《荒原狼》(*Der Steppenwolf*（也译作荒野之狼）)里这样写道：也许有一天，不管有没有导线，我们都会听见所罗门国王的声音。人们会发现，这一切正像今天刚刚发展起的无线电一样，只能使人逃离自己和自己的目标，使人被消遣和瞎费劲的忙碌所织成的越来越密的网所包围。

黑塞的诗篇正是对现实的绝佳预言，许多人活在朋友圈里，活在自己经营的形象中，渐渐遗失了自己的本心，过得越来越空虚。

我们每个人都会遇到压力，但是这并不表示在朋友圈里经营一个虚假的形象就可以解除我们的压力。就比如阿芳碰到的那些问题，她有工夫发朋友圈抱怨工作做不完，不如关掉手机赶快开始工作；她有精心拍照抱怨家里家务做不完的功夫，完全足够她擦擦桌子扫扫地了。

在微信上抱怨除了收获别人的点赞外没有任何收益，而当他们回到现实生活中时，恍然发现该做的工作并没有因为这些抱怨而减少，但他们的时间却是实实在在地荒废了。于是在有限的时间里仓皇赶工，情绪非但没有好转，还因此变得更糟了。

3

我和一名教授朋友聊天的时候，朋友对我说："那些天天在朋友圈里晒自己努力学习照片的人，常常是那些成绩糟糕不用功的学生。那些真正成绩优秀努力上进的学生，在复习和备考的时候是绝不会玩手机的。"

我听了这位教授的话，想到了阿芳和那些我身边真正的成功人士，深以为然。

心理学家做过这样一个实验，他们抓了几只小白鼠作为实验对象。在实验中，他们给白鼠提供了充足的食物和玩具，并且在实验中心播放了舒缓的音乐，在白鼠进食完毕之后，这些科学家为白鼠提供了海洛因，这时，白鼠对海洛因毫无兴趣。因为这些白鼠的心理和生理需求都得到了充分的满足，自然不再需要海洛因。

而那些热衷于在朋友圈里分享美食的人也是同样，如果说这些人其他的需求都得到了满足，他们自然不会用分享美食获得点赞的方式获取成就感。

在那个没有朋友圈的时代，人与人之间的交往是自然的、真实的。好就是好，不好就是不好。如果有遇到什么烦心事，说出来大家一起讨论，这当然是舒缓情绪的好方法，但虚构那些我们没有遇到的问题，只会让我们为莫须有的事情透支自己的感情，这是病态的，也是不值得推广的。

在我们的生活圈中，每个人每天都在接触不同的事物，对世界有着自己的观点，这也是朋友圈交流分享的美好和便利之处，我们可以畅所欲言。但如果活在自己的想象当中，把自己的臆想当作现实，那你自然会觉得活着是件非常空虚的事情，因为你是没有办法从臆想中获得能量的。

很多人想要通过朋友圈释放自己的压力，用自己的负面情绪去感染别人，传染他人，以此获得自己生活的能量，然而这样的行为恰恰束缚住了他们自己，让他们从此一点点抹杀真正的自己，把真实的自己囚禁在谎言的牢笼中。

希望每个人在发表朋友圈的时候，都可以表达自己内心的真实感受，不做假面人，可以活得真实，可以活得自然，可以把自己的命运掌握在自己手中，而不是把一切交托给幻想。

远离负面情绪病原体，别染上它

1

人活在世上总会遇见许多不尽如人意的事，天气不好、工作太忙、孩子任性、老人生病等，这一切的一切都刺激着我们的神经，让我们心情低落，陷入糟糕的情绪状态中。

很多人在遇到心烦意乱的事情时总会把自己的不快乐挂在脸上，让那些与他们相处的人们感受到他们的不快乐。于是，恶劣的情绪就这样散播开来，让这些人周遭的空气中都弥漫着抑郁感。这种抑郁感让工作效率和生活质量大幅下降，那些本就不快乐的人也就更加不快乐。

我们在心理学中把这种恶劣情绪在人和人之间进行传播，形成连锁反应的现象称为"踢猫效应"。

"踢猫效应"来源于这样一个故事，一位父亲在公司被老板批评受了气，回家之后把怒火发泄到儿子身上，儿子出于愤怒踢了家里的猫，猫因此冲上马路，路上的司机为了避让这只猫撞到了行人，这名行人恰好是批评父亲的老板。

故事中的这位老板向员工发泄了自己的糟糕情绪，导致坏情绪不断传播，最终给这位老板自己造成了损伤。虽然故事有夸张和戏说的成分，但还是可以看得出来，糟糕的情绪不断扩散，造成的影响有多么恶劣。

2

美国的心理学家加里·斯梅尔曾经对此进行过一项调查，他找到数对新婚夫妇，然后对这些夫妻的性格状况进行记录，数年后对这些夫妻进行回访。回访的结果令人惊讶，那些原本性格开朗积极的人，在和那些性格忧郁、内向消极的人相处一段时间之后，也会变得忧郁而悲观。

我们在工作中常常会遇到这样一种人，似乎不管做什么工作他们都会有所不满，如同祥林嫂一般每天念叨着自己的"悲惨遭遇"。天气不好他们要抱怨，工作太多他们要抱怨，孩子不听话他们要抱怨，然而当你真的想要问清楚他们到底有哪些不满，需不需要帮忙解决问题的时候，他们又会告诉你，其实没多大事，就是想抱怨而已。

这样的抱怨解决不了任何问题，只会让听着这些抱怨的人也跟着心烦意乱起来，整个办公室的空气中都流动着怨愤，工作效率自然不高，还容易犯错。所以在下一次，碰到不断传播负能量的祥林嫂时，请勇敢地发声。如果真的不喜欢这份工作，他可以辞职，可以离开，但请不要影响那些想要认真工作、想要享受生活的人的心情。

3

前一段时间出门旅行的时候有幸入住了希尔顿酒店，我看到酒店的墙上有这样一段话："无论旅馆本身遭遇的困难如何，希尔顿旅馆服务员脸上的微笑永远是属于顾客的。"我十分好奇，就向希尔顿的服务员提问，这句话是在怎样的环境中出现的。

希尔顿的服务员微笑着给我讲了一个故事。20世纪希尔顿酒店创设初期恰逢美国经济大萧条时代，希尔顿旅馆的创始人也因此欠下了一大笔债务，旅馆的创始人没有因此感到悲观和绝望，只是激励员工们继续保持微笑，让酒店员工相信只要经济危机过去，希尔顿酒店就能拨云见日。

希尔顿旅馆就这样在经济萧条时期依然保持着微笑服务，用微笑温暖了无数客人，成功地度过了经济危机，一步步发展为全球规模最大的连锁酒店之一。为了纪念创始人和创始人所提出的"微笑服务"精神，希尔顿酒店就把这句格言印制下来，贴在每家希尔顿酒店的墙壁上，作为希尔顿酒店的服务准则。

我向这位为我耐心解答的服务员道谢，服务员依然微笑着，说很高兴为我讲述这个故事。时至今日，希尔顿酒店的老板在视察各地酒店的时候，都会时常抽调员工向他们提问："你今天有对客户微笑吗？"

漫步希尔顿酒店，我还看到了这样一段公训："如果旅馆里只有一流的设备，却没有一流服务员的微笑，那些旅客的需求就能得到满足吗?如果酒店缺少了服务员的美好微笑,就如同花园里没有太阳和春风。如果我是旅客,我宁愿走进那些只有破旧地毯,但每个服务员的脸上都洋溢着灿烂笑容的旅馆,因为只有这样我才能感受到温暖。如果服务员面无表情,即便我盖着价格昂贵的羊绒被也会觉得如坠冰窟。"

希尔顿的老板或许并不懂得所谓的"踢猫效应",但他在公司运作中很好地控制了情绪的传播。他用积极勇敢的心态感染了员工,让员工用微笑去面对客户,客户感受到了员工的能量,自然也愿意多来光顾酒店,从而拯救酒店的经济危机,帮助希尔顿走向辉煌。

4

中国有句古话是这样说的:"克己复礼。"所谓的克己,指的就是我们遇到问题应该保持从容镇定,不能乱了方寸,要控制好自己的情绪;而复礼,指的就是我们应该与人为善,传递出积极的信息和能量,让我们身边的人能够感染到"正能量",创造一个积极快乐的工作生活环境。

我们在生活中经常会遇到心情不好的时候,那些不幸的、糟糕的事情在我们的日常生活中不请自来,我们很难回避掉这些困难,这种时候,我们应该注意,不要被情绪左右,也不要让情绪影响到其他人。

生气也好、抑郁也罢,这些负面的糟糕情绪与我们的生活如影随形,我们不会因为把负能量传播给他人之后自己就不再生气了，一味地传递负能量也不能解决我们真正遇到的问题，这只会让我们的负能量传递出去，和其他人的负面情绪混合在一起，让大家的情绪都变得恶劣起来。

所以请停下你的抱怨，如果遇到身边有人不断散播负能量，传播负面情绪，也请制止他。负面情绪就如同传染病，我们应该提高警觉，在负面情绪出现的时候就把它杀死在萌芽阶段，避免它无休止地扩散和传播。

即便是面对陌生人的时候，露出一个微笑，也常常可以感染到对方。这种乐观积极的态度会不断地传递下去，久而久之，我们的生活也自然可以变得轻松快乐起来。这时你就会发现，活着总会有好事发生的，其实世界上糟糕的事情并没有那么多。

在需要时求助并不丢人

1

奥地利著名作家茨威格说：一个人的力量是很难应对生活中无边的苦难的，所以，自己需要别人的帮助，自己也要帮助别人。

小秦和小肖同时进入一家大型企业，成为实习生。两人的工作能力都很不错，一个月的实习期也顺利度过。原本以为再过两个月，两个人就可以顺利成为这家公司的正式员工了，但两人却因为各自的性格而有了不同的结局。

那天，经理让两人各做一份关于公司发展方向的PPT。不得不说，对于两位新人来说，想要做好并非易事，毕竟两人对公司都不是很了解。

小秦知道以自己目前的能力如果没有人帮助，肯定无法达到预期的效果。于是，他开始向单位里的老员工们求助，请他们介绍公司的情况，恳求他们给出一些建议。

而小肖则不同，尽管他也不了解公司，却没有向任何人求助，只是自己一个人闷头查资料。一想到要向人开口，他就觉得仿佛自己能力太差似的，总是感觉不好意思。

三天后，两人都提交了自己做的 PPT。毫无疑问，小秦给出的规划以及前景预测更符合公司的实际情况；而小肖的则显得空洞无物，毫无新意。

两个月后，虽然两人都成为了正式员工，但小秦走上了管理岗位，而小肖则只是一名普通的文员。

我们在工作和学习中其实常常遇到相似的问题。很多人从小就被教育"不耻下问"，可要做到真的太难了。他们害怕向人提问，羞于向人提问。似乎自己只要提出了问题，就是低别人一头的意思，就是欠了别人的人情，自己就输了。

但寻求帮助绝不丢人，在我们遇到问题时，向那些有经验、有能力的人提出问题，寻求帮助，一定可以帮我们更好地解决问题。

2

我曾经带过两个实习生小姑娘，两个小女孩一个是名校毕业，成绩优异；另一个则是一家普通大学的学生，成绩一般，非常普通。

在两个小姑娘来我们公司之前，我们同事之间打了个赌，许多人担心，那个名校毕业的小姑娘会不会是个书呆子，不知变通；纷纷猜想那个普通大学的女生会不会更好地融入我们公司同事之中。我觉得他们这样的结论太过武断，就反向与他们打了个赌，说名校的女生会更快融入公司。

两个女孩来了之后结果出人意料，竟然真的是那个名校的女孩更快地融入了我们公司。同事们纷纷赞叹我料事如神，在他们践行赌约请我吃饭的时候，有人好奇问我，为什么觉得那个名校女孩会更快融入公司。

我笑着说，因为这两个女孩都是我面试到这家公司来的。

那个请我吃饭的同事大呼上当，说这不公平，但他还是有些好奇，问我为什么面试一面之缘就能判断出两个女孩的性格。

我告诉这位同事，那个名校女孩是学校推荐过来面试的，因为准备时间不够充裕，所以她对我们公司并不了解。在面试的时候，她向我咨询了很多关于我们公司的问题，包括公司的办公环境、公司的经营范围，甚至是我的职业信息。她很坦然地承认了自己对公司的了解不足，但她表现出了对我们公司的求知欲。这样的女孩，在实际工作中遇到困难的时候，必然不会对自己遇到的问题遮遮掩掩，一定能够很好地融入我们的工作中来。

而另一个女生，在来公司之前准备了许多资料，但她从不主动开口提问，永远是等到我问她你遇到了什么问题，你对我们公司有什么看法的时候才会开口。这个女孩准备得十分充分,但却并没有准备自己的"问题",在面试的时候我就有些担心,如果她遇到工作中的问题会不会因为害羞或者内向而不敢向人寻求帮助,没想到果然被我猜中了。她就是要等别人发现她遇到问题的时候才会想到开口求助,而不是主动去寻求帮助。

我的同事们听了我的分析,纷纷赞叹。好几个同事感叹道,自己当年其实也像这个小姑娘一样,羞于启齿自己的烦恼和困惑,那个优秀的女生之所以这么优秀是有原因的。

3

没错,那些成功人士从来不回避自己的问题。不论你是否愿意面对,你的问题就在那里,不会因为你的逃避而消失,它们只会一直盘旋在你的脑海里,我们应该想办法如何解决自己的问题。

诚然全部靠自己,也是能解决一部分问题的,但一个人的力量是有限的,而集体的力量是无穷的。有些事情,我们一个人做可能需要一个小时,六个人做就只需要10分钟,那么,为什么不相信集体的力量呢?

求助并不可耻,很多人会有这样的误解,觉得求助于别人就是否认自己,就是对自己能力的否定。其实并不是这样的,科学家研究表明,我们每个人在特定时间内能够处理的问题是有上限的,也就是说我们每个人的能力都有极限。这种时候,合理地借助外力就是最好的解决问题的办法,如何有效地借助外力也是一门大学问，是每个人都应该掌握的能力。

网络上流行一种说法："善意地向人求取一些小惠"，这其实是挺招人喜欢的秘诀。我们每一个人在内心深处其实都有一个好为人师的自己，如果我们能给别人提供一些帮助，既能获得成就感，又能有完成任务的愉悦感。

正如一本书中说到的"朋友是麻烦出来的"。我们活在这个世界上，没有谁能保证自己永远不需要别人的帮助。当然，在我们寻求帮助的时候，也需要注意我们寻求帮助的方式和方法。

首先，我们在寻求帮助的时候应该保证我们的态度足够诚恳，我们的发言足够礼貌。

其次，在我们寻求帮助的时候，千万要注意我们寻求帮助的对象有没有什么难言之隐，如果说我们的求助会伤害到我们寻求帮助的对象，冒犯到对方可就不好了。

只要使用合理的方法，正确地看待向人求助这件事，寻求帮助就不是什么丢人的行为，更不是什么难以启齿的事，老祖宗教育我们"不耻下问"，可不要当作耳旁风。

用"假想敌"去打败那些负重难行的压力

1

现代社会，每个人身上最不缺的就是压力。工作的压力、生活的压力、升学的压力、买车买房的压力……各种各样的压力扑面而来。压力虽然是无形的，让人看不见摸不着，但它却是切切实实存在的。

压力每个人都会有，只是大小不同而已。一般来说，小压力不会引起人们的反感与厌恶，只有当一些较大的压力来袭时，人们才会因压力导致一系列不良反应。

比如，神情焦虑、脾气暴躁、失眠多梦、精神不振、头重脚轻；或者说话有气无力、反应迟钝、记忆力差、腰膝酸软、体质差……

不妨试着对照一下，如果上面这些症状你都有的话，那真的很不幸，你的压力已经让你的身体变得负重前行，开始亮红灯了。此时，如果你不想尽办法去缓解压力，释放压力，排解压力的话，那你的身体可就不只亮红灯了，甚至还有可能引发其他方面的疾病。

压力是必然存在的，而有了压力自然就要想办法解压，如果因为某些原因一时半会找不到合适的方式来排压和释放的话，那我们不妨给自己找一个"假想敌"，借用"假想敌"来帮助自己解压，这未尝不是一个最有效的方式。

说到这里，先来看一个案例，或许你会从中得到启发。

2

我的朋友陈小伟，是一家机械公司业务部的一名普通员工。在市场竞争日益激烈的情况下，公司业绩自然也不太乐观。

眼看着快到年底了，如果业绩再上不去，工资发不出来大家都过不好新年。为此，老板急得火烧眉毛，天天喊话业务部，让他们多发展客户，多加强自身专业知识，并严格规定任务，谁要是完不成任务，年底奖金取消。

辛苦一年，大家可不想丰厚的年终奖到最后变成"煮熟的鸭子——飞走了"，所以大家都铆足了劲抓紧时间跑客户。无奈，成效甚微。

就在同事们愁眉苦脸时，陈小伟却优哉游哉该干吗干吗，这行为明显和之前焦躁不安的他判若两人。同事们不解，便在私底下议论：难不成这小子捡到"宝"了，真的被天上的"馅饼"给砸中了？

其实，同事们猜得一点都没错，陈小伟还真的是捡到"宝"了。他前几天刚签了一个大客户，一下子为公司带来了三百多万的收益，不仅替老板解了燃眉之急，还让自己这个月的提成奖金翻了好几倍。所以，他才会人逢喜事精神爽，一改往日的愁眉不展。

惊讶于陈小伟的业绩，小飞和王明便请陈小伟吃饭，说要向他讨教下如何赢得客户、如何顺利签单，让工作变得轻松的好办法。

酒过三巡，醉眼蒙眬的陈小伟道出了实情，原来这一切都来源于他从自己老婆艳子那里学来的经验。

他说："我们两夫妻都喜欢打游戏，但我老婆技术比我好，所以，我便成了她手底下的兵，被她指挥着做很多事。要知道，现实生活中我什么家务也不会做,她没少为这事和我吵架。这下好不容易在游戏里逮着机会,她便指挥我干这干那,心底别提有多开心了。"

"这和你的工作业绩有什么关联?"同事困惑不解,继续问道。

"这你们就不知道了吧,我受到她的启发,偷偷地把爱打游戏的老板加为好友,并在游戏上打败他,让他做我手底下的兵。"

陈小伟越说越兴奋:"这样,他就得听我指挥,既要为我所用还不得有任何怨言,高兴时我给他放假,不高兴时我就罚他去做苦力,不给他饭吃……自从我这样转移自己的工作压力后,我发现自己情绪高涨,心里特别痛快,做起事情来也更有效率了。人逢喜事精神爽,精神一爽好运自然就来了,这不,大客户不就签下来了。"

听着陈小伟的经验之谈,小飞和王明连连自叹不如。

看起来,陈小伟的做法有些见不得光,但不得不说,给自己找一个"假想敌"的方式确实是一个转移压力的好办法。不仅成功转移了压力,还让自己的心情也变得愉悦起来了。

压力不仅给人们造成一定程度上的困扰,还容易引发一些心理上的疾病,如果不加以合理释放与排解,压力就会越积越多,到最后变得难以控制。

3

因此，当压力让我们负重难行时，我们就要寻求合适的解决办法去转化压力、消灭压力。以下几种方法，值得大家借鉴：

◆ 为自己找个"假想敌"

不管是工作还是生活中，如果因为某些原因产生了压力，而忍不住怒火中烧时，不妨像案例中的陈小伟那样，为自己找个"假想敌"来释放压力。

比如，在空旷无人的树林中，或独自在家时，肆意地呐喊哭泣，将平时想说又不敢说的话对着那些静置的物体说出来；或者把布娃娃、沙发垫子、枕芯等一些物体当作"假想敌"，暴打一顿。

只有将压力释放出来，内心才会感到豁然开朗，压抑的内心才能恢复平静。

◆ 转移自己的注意力

压力是无可避免的，如果不能正确应对，一味地选择逃避，就会让自己变成懦夫，并对生活逐渐失去信心与勇气。

其实，压力并没有想象中那么可怕，只要我们在压力来临时，学会转移自己的注意力，将重心转移到一些令自己身心放松的事情上，比如，运动、吃甜食、听音乐、闭目眼神等，就可以转移自己的注意力，缓解压力。

◆走近大自然

当压力让你觉得喘不过气,或内心十分压抑痛苦时,不妨试着走近大自然。在大自然的环境中感受鸟语花香带来的那份愉悦与舒适,呼吸森林里独有的那份新鲜空气,让压力得到释放、让心灵卸下疲惫。

◆工作并不是你生活的全部

虽然工作很重要,能让我们获得养家糊口的薪酬,能让我们获得内心的成就感,但我们也要学会适当放松自己。否则,长此以往下去,我们就会陷入工作压力的恶性循环中,每天都过得紧张焦虑。

工作并不是你生活的全部,了解这一点后,你要做的就是将自己的时间作一个合理的规划与安排,下班后,做一些自己喜欢的事、感兴趣的事,让紧绷的神情得到放松。

◆找人倾诉

如果一个人长期处在压力下,内心焦虑的情绪又得不到缓解与释放,那么这种负面的情绪就会越积越多,最后变成了一个每天携带的"炸药包",见谁都要炸。这样的人,走到哪里都不会招人喜欢。

为了改善这种局面,我们可以找身边的好友或亲人倾诉,征求一下他们的意见或帮助,从而帮助自己缓解压力、释放压力。

用"假想敌"去打败那些负重难行的压力。值得注意的是,不管采取以上哪种方法来帮助我们解压,都要以不伤害他人为前提，将自己的解压、排压方式控制在正确合理的范围内。

何以解忧，唯有控压

1

很多人常常羡慕那些无忧无虑的稚嫩孩童，羡慕他们单纯善良，毫无心机；羡慕他们没有沾染世俗之气，由内而外散发出一种童真童趣；羡慕他们喜笑颜开，总是给身边的人带去欢乐。

其实，这样的欢声笑语我们也曾拥有过，我们也曾是众人眼里的"开心果"。只是，随着年龄的增长，随着经历的事情越来越多，随着各种各样的压力来袭，如今的我们早已由"开心果"变成了"鸭梨大"，将原本平静、快乐的生活溅起了丝丝涟漪，让自己变成了一个不堪重负的人。

2

有一位学员，叫娜娜，据说读书的时候可是一位名人。之所以这样说，是因为她不仅拥有美貌与才情，更重要的是她身上那种优雅的气质与散发出来的知性美，让人忍不住对她大加称赞。

毕业踏入社会后，随着生活的压力与现实的残酷，使得娜娜放弃了自己的初心，她不再注重心灵的享受，不再注重精神的需求，转而将过多的精力放在了对物质的追求上。

她发奋努力，开始频繁加班、应酬，将自己的全部身心都投入到了工作中，并拒绝一切与工作无关的聚会。努力几年后，娜娜终于有了一家属于自己的公司，规模虽小，但也算是小有成就。

身边朋友和家人以为她会就此停下来歇一歇，让自己好好休息，放松心情。可娜娜并不这样想，她觉得公司才刚起步不稳定，还需要她继续努力打拼，因为她想为自己配一辆更高级、更舒适的车，想早点把房子的贷款还清，想把公司的规模变得更大。

她对家人和身边朋友说："我也感到很累，也想为自己放个假，好好休息，但现在公司还不太稳定，我真的放心不下。"

抱着这种想法，她一次又一次给自己施加不同的压力，一次又一次将自己累得苦不堪言。三年后，她换了新车，房贷还清了，公司也步入正轨了，可她却停不下来了。

公司稳定了，随之而来的是业务量也增加了，业务增加了，公司的人员也就增加了，娜娜需要处理的事情就越来越多了。娜娜不禁感叹：自己似乎陷入了一种压力的循环中，从前拼命想拥有的一切，如今盛装出现在自己面前时，却感受不到丝毫的喜悦，再也找不回从前的那份快乐了。

身边朋友开导她：你把得失心看得太重，给自己施加了太大的压力，自然感受不到生活的美好。现在的你与从前那个清新脱俗的你有着天壤之别，如今的你沾染了太多世俗之气，已经将自己的灵魂丢失了。

朋友的话点醒了迷茫中的娜娜。静下心来想想这几年努力奔跑的日子，几乎每一天都在忙忙碌碌中度过，虽然收获了物质上的丰盈，却失去了自己的初心，活生生让自己过起了"苦行僧"式的生活。

陪伴家人的时间越来越少，与朋友相聚的时间越来越短。娜娜已记不清有多久没有陪家人一起吃饭了，有多久没有看电影了，她的生活似乎永远都在忙碌，忙来忙去，却让自己看不清未来的路，变得越来越迷茫。

正如泰戈尔在《飞鸟集》中写道："休息之隶属于工作，正如眼睑之隶属于眼睛。"一个人若是只会工作，拼命追求物质上的丰盈，就会忽略了精神上的需求，即使事业再成功，心底也会留有一份失落与遗憾。

毕竟，身体才是革命的本钱，一个人如果连本钱都没有了，又何谈人生理想、何谈成功？所以，不管是生活还是工作，想要二者和平相处，相辅相成，就一定要让自己的心灵得到放松，让自己从焦虑紧张的状态中走出来。

唯有如此，我们才能以一颗愉悦、舒适的好心情去轻松地应对工作和生活，不至于在拼命追逐梦想的过程中迷失自己。

3

何以解忧，唯有控压。那么，我们应该如何做，才能将压力控制在合理范围内，不给自己的生活造成影响呢？可以试着从以下几个方面入手：

◆ 量力而行，不对自己过分苛求

虽然，争强好胜可以让自己变得更努力，但凡事也要量力而行，切莫对自己过分苛求。否则，一味地争强好胜只会让自己整天处于紧张、焦虑的情绪中，以至于身心疲惫。

我们只有根据自身情况来做一个长远而合理的规划，不刻意、不强求、顺其自然，才能将压力的主动权牢牢掌握在自己手中。

◆ 时刻给自己足够的信心

有些人之所以片刻不停地将自己处于忙碌的状态中，主要是因为不够自信，总担心自己被社会淘汰，被他人赶超。但实际上，过度担心也起不到任何作用，只有努力克服一切心理障碍，让自己变得足够自信，我们才能更好地应对那些突发状况，才能缓解压力带给自己的不良心态。

◆ 对自己寄予合理的期望值

人贵有自知之明，哪怕你真的想让自己变得优秀，想让未来的生活变得更好，那也得脚踏实地一步一个脚印，千万不要好高骛远，做一些不切实际的白日梦。

每个人都是独一无二的自己，都有着自己与众不同的价值，只有根据自身情况来做出合理的期望值，尽最大可能去发挥自己的特长与优势，这才是让自己变得优秀的正确打开方式。

◆ 随时保持轻松的心态

人生不如意之事十之八九，我们每天都会面临各种各样的难题与压力。当这一切无法避免时,我们要做的就是正确认识、轻松应对。

只有随时保持轻松的心态,我们在处理问题时才不会一叶障目,才能发现生活的美好,才能让自己不再焦虑不安。

当我们能够合理控制和转化自己的压力时,我们便能轻松应对生活,踏遍万里红尘,笑看风起云涌,不骄不躁,让自己在生活的历练下蜕变得更优秀。

第六章

人生，没有过不去的坎，
只有转不过的弯

"人生本就多歧路，一时欣然一时悲。"人生的路上总是有起有伏，有欢笑也有悲伤，遇到困难与挫折总是在所难免，如果你踟蹰不前，就是一座难以逾越的高山；如果你勇敢地跨过去，它就只是人生中的一段平常路。人生中没有迈不过去的坎，只要勇敢跨越它，前方就是海阔天空。

只要想通、看开了，烦恼就没有了

1

著名武侠小说作家古龙曾说过："'忽然想通了'，这五个字说来简单，但要做到可真不容易。因为无论什么事，你只要能'忽然想通了'，你就不会有烦恼。可是在达到这个地步之前，你一定不知道有过多少烦恼了。"

确实如此，在现实生活中，没有几个人能做到"忽然想通"了，也没有人敢说自己一点烦恼都没有。人生在世，只要活着就会有烦恼，不管是大烦恼，还是小麻烦，每天都充斥着我们的生活，但是，这些烦恼其实大部分都是自己给自己的，如果我们能想通了、看开了，心中的烦恼自然也就没有了。

2

在一个偏远的小巷里，有一个小诊所，里面有一个老中医，专治疑难杂症，那些在大医院治不好的疾病，老中医都能调理，因此许多人慕名而来，有的人甚至从很远的地方赶来。

有一天，有一位衣着华丽的妇女来到诊所看病，她说自己病了很久，跑遍了各大城市的医院，都没能治好，希望老中医能治好她的病。

妇女说："医生，我的胸口每天都闷得慌，饭也吃不下，还失眠，全身都没有力气，每天头晕，打不起精神来……"

老中医询问她的病情后，开始为她把脉、听诊、观舌，经过一系列的诊断后，老中医说："你的身体很健康，并没有什么大的疾病，只是有些虚火而已，平时心事不要太重了，你说你每天胸口闷得慌，是生活中有什么不开心的事吗？"

妇女说："不开心的事太多了，每天没有一点乐趣。现在生意越来越不好做了，我老公的公司这两个月的营业额还没以前一个月的高，他不仅不想办法，还把钱拿去炒股，结果赔了一大笔；我婆婆的身体越来越差了，每天花很多时间照顾她，也没什么起色；儿子最近的学习成绩从前三名下降到了第十名……"

老中医听完妇女的话，说："这样看来，最近确实没有一件能让你开心的事。我想问问，你们夫妻感情如何？"

妇女此时微笑着说："他对我挺好的，也很关心我。"

第六章 人生，没有过不去的坎，只有转不过的弯

老中医又问："你儿子很调皮吗？"

妇女回答道："那倒没有，平时也挺懂事的，现在读高中了，学习压力有点大。"

老中医接着问："那你在哪里上班呢？主要做什么工作？"

妇女回答说："我没有上班，每天都在家里。刚开始结婚的时候我上班，后来老公的公司有了起色后，我就辞职在家，我们家房子有点大，每天打扫起来也挺费劲的，还有那么多家具要护理，院子里也要经常打理，否则就和荒地一样……"

老中医听完妇女的话后说："好的，我明白了，我这就来给你开药方。"很快药方就写好了，老中医接着说："因为你身体健康，没有其他疾病，所以不需要吃药，你的药方上也没有药，你只需要把这个方子看懂、看透、想开了，你的病自然就会好。"

妇女迟疑地接过老中医递过来的药方，只见药方上，一边写的是让她烦恼的事，一边写的是令她快乐的事，最下面还写着一段话："当你把那些不快乐的小事、琐事看得太重的时候，你的心中会无缘无故产生烦恼，以至于忽视了身边的快乐。如果你能把生活看开了，把那些令你烦恼的小事、琐事都放下了，那么烦恼就没有，快乐也就回来了，身上的病痛自然就消除了。"

妇女拿着药方，若有所悟地离开了。

一般来说，烦恼不会不请自来，那我们为什么会有烦恼呢？其实我们的烦恼大多来源于自己，就像上文中提到的妇女一样，整天无所事事的她，总是有事没事地自寻烦恼，让自己陷入一些

琐事中想不开，以至于看不见生活中的快乐。等到烦恼越积越多的时候就产生了忧郁的情绪，所以才有了心病。从始至终她都在自己为难自己，想不通、看不开怎能过好日子呢？

生活不会处处针对你，也不可能为你一人铺满鲜花，它有喜有悲、有苦有乐，既然我们已身在其中，那么不妨看开一点，那样生活会更美好。

3

我们再来看一个小故事：

有一个贫穷的铁匠，每天生活得很不开心，因为他每天都在想：假如有一天，我生病了不能打铁了，怎么办？假如有一天，我打铁的工具都坏了，该怎么办？假如有一天，我挣不到钱了，怎么办？……

这一连串的问题让贫穷的铁匠陷入了深深的担忧之中，这种无休止的烦恼让他惶惶不可终日，没多久他就病倒在床了，一直没有好起来。有一个好心人听说后，便来看望他，并在走之前送了一个金镯子给他，铁匠收到金镯子后心里很安慰，因为他想：我再也不用担心没有手艺后生活会窘迫了，等以后实在过不下去的时候我还可以把镯子卖了，这样也不至于饿死，很快他的病就好起来了。

从那以后，他每天都踏实工作，安心睡觉，再也没有那些烦恼了，整个人都精神百倍，对生活充满了希望，慢慢地也积累了一些钱财。后来有一天，他从箱子里把金镯子拿出来的时候，发现金镯子变色了，此时他才发现这个金镯子原来并不是金子做的，他顿时恍然大悟，明白了那位好心人的用意。

如果我们整天想着烦恼的事，那么烦恼就会不期而至，如果我们能想开一点、看开一点、不去理会它，那么我们的烦恼就会少很多。要知道，没有什么比活着更重要，只要生命还在，那些所谓的烦恼都是小事，所以，没有必要对那些痛苦和烦恼念念不忘，只要转个弯，你就会发现，其实没什么大不了，只有想通了、看开了，才能活得更快乐。

我们每个人的心中都会有一些伤心和难过的事，没有人会永远开心、快乐。一个真正成熟、理智的人，不是没有消极情绪，而是他们懂得看破烦恼和忧愁。既然生活中一定会有挫折和烦恼，就要学会想得通、看得开，只有这样才能战胜消极情绪。

只要你想得通、看得开，就不会被烦恼困扰。人生苦短，为什么要执着烦恼让自己情绪低落呢？遇到烦恼时，好好地睡一觉，不要再想那些所谓的大事，第二天，又是一个阳光明媚、充满朝气的日子，它等着你去拥抱、去享受。

遭遇不公时，学会平淡地看待

1

在现实生活中，经常听到有人抱怨说："这实在是太不公平了""凭什么他能得到，而我没有，这太不公平了"。似乎在人们的心中，公平就是天经地义的，不管什么事都要追求公平，稍微有点不公平，就会愤愤不平，认为自己受了天大的委屈，内心久久不能释怀。

追求公平本来是无可厚非的,但是如果我们因为受到不公平的待遇,就产生消极的情绪,那么我们就要提醒自己注意了。要知道,这个世界上,本来就没有绝对公平的事,我们所追求的绝对公平不过是内心一种不理性的想法而已。

2

小梁最近找工作不顺利,一直抱怨社会不公平,他对自己的父亲哭诉:"我发现社会真是太不公平了,现在找工作要么是把自己的学历证书拿到陌生人的面前,求得别人的认可;要么就是带着钱财和礼物去求见自己的熟人,为什么是这样的呢?"

父亲听到后,没有直接回答问题,而是笑着说:"公平?什么是公平?你能不能把这两个字写给我看看?"小梁虽然疑惑,但还是在纸上写下了"公平"二字,并递给父亲。

父亲接过纸,指着纸上两个字对儿子说:"你看,'公'的笔画有四画,而'平'的笔画却有五画,这所谓的'公平'二字,本身就是不公平的,又何来'公平'一说呢?"

要知道,世界上本来就没有绝对的公平,绝对的公平就如同神话中传说的宝物一样,我们永远都不可能得到。因为,这个世界本身就处处都充满了不公平,比如:大鱼吃小鱼,小鱼吃虾,虾吃浮游生物,处于食物链底端的生物注定要被顶端的生物吃掉,难道这一切能用"公平"二字来评判吗?

自然界中的地震、火山、台风、洪水等自然灾害，对人类来说公平吗？现实生活中，那些天生就健康、漂亮、聪明的人，对天生就残疾的人来说公平吗？

公平只是一个相对的概念，每个人都有自己不同的审美观和价值观，每个人都有私心，在不同的环境和阶层中，人们的意识也会有所不同，所以，一味地追求公平是不切实际的。虽然人人都想追求公平，但是在现实生活中不公平的事太多了。

我们每天都不可避免地会遇到不公平的事，以及各种不公平的待遇，如果我们一直执着地追求绝对的公平，那么只会导致我们心理上的不平衡，使自己陷入不安和烦躁中。与其为了所谓的公平烦躁不安，还不如早早地认清现实，学会平淡地看待一切，让自己快乐起来。

当我们不停地抱怨社会不公平的时候，也应该反问自己："我已经做到最好了吗？""我真的够完美吗？还有没有可以改进的地方？"如果我们能这样想，就可以调节自己的情绪，平衡自己的心态，走出烦恼的陷阱。

3

从前，有一位秀才，认为自己非常优秀，可是却没有人赏识他，怀才不遇的他经常苦闷不堪。

一天，他问庙里的方丈："为什么命运要如此待我？我的学识并不比当官的差，凭什么他们可以得到重用，而我却不能？"

方丈没有回答秀才的问题,他随手捡起地上的一块石头,扔到了一堆乱石中,然后对秀才说:"你能把刚才我扔的那颗石头找到吗?"

结果秀才找了很久都没有找到方丈扔的那块石头,后来方丈又扔了一块金子到石头堆里,然后让秀才找,这一次,秀才很快就找到了那块金子。此时的秀才才恍然大悟:原来自己并不是金子,而是一块普通的石头,不是金子就没有理由抱怨自己得不到赏识,更没有理由抱怨命运的不公平。

现实中的我们就是如此,只知道一味地抱怨社会的不公平,却没有想一想,原因是不是出在我们自己的身上。因此,当我们遇到不公平的时候,要先审视自己,与此同时,我们要学会平淡地看待问题,用一颗平常心去对待不公平的事,这才是人生的最高境界。

"拿得起,放得下",你才能做情绪的主人

1

有一位作家曾经说过:"拿得起是一种勇气,放得下是一种豁达。"的确如此,我们在生活中总会遇到不如意的事,如果遇事就钻牛角尖,那我们一定会活得很累。

"拿不起""放不下"几乎是我们每个人都会遇到的问题,因为"放得下"这三个字虽然简单,可真正要做到,却不简单。其实,不管在生活中还是感情上,我们都应该学着"拿得起,放得

下",这样我们才能掌控自己的情绪,做情绪的主人。

2

有一个老和尚带着小和尚去云游四方,途中他们遇到一条小河,正当他们准备过河的时候,来了一名妙龄女子,女子也要过河,可女子害怕湍急的河水,怕自己掉到河里,因此不敢过河。

老和尚看到后,主动问女子是否需要帮助,说自己可以背她过河,妙龄女子犹豫了一下就同意了。老和尚背着女子趟过了小河,到了河对岸后,便放下了女子与小和尚一起继续赶路。

在路上,小和尚一直在心里嘀咕:"师父说了不能近女色,可今天是怎么了,师父竟然主动背那个女子过河,这是犯戒的,难道师父有其他的想法,不可能,师父为人正直,从不这样,可是……"

一路上,小和尚都没想明白为什么,他终于忍不住了,于是问师父:"师父,您今天犯戒了,您怎么能主动背那个女子过河呢?"

师父回答道:"我和往常一样,没什么不同。背她过河是善举,也是该背的,不要心有执念,我早已经放下,而你却放不下!"

俗话说:"君子坦荡荡,小人长戚戚",我们不要总是用自己的想法去揣测别人,遇到问题不要想得太复杂,要拿得起,放得下,不要执着于曾经的痛苦,要学会控制自己的情绪,用积极向上的心态面对生活。

在生活中，总有许多不如意的事，我们甚至会被苦难紧紧相逼，当我们承受不了的时候，就会变得痛苦不堪。但是世界并不会因为我们而改变，因此，我们要换个角度去看待问题，用积极的心态面对世界、面对生活，同样的一件事，用不同的心情去对待，那么事情的结果也许就会完全不一样。

从前，有一位老太太，每天都在为两个女儿操心，因为大女儿嫁给了卖伞的，小女儿嫁给了卖草帽的。天晴的时候，她担心大女儿的伞卖不出去，下雨的时候，她又担心小女儿的草帽卖不出去。所以她每天都愁眉苦脸，没有一天是开心的，饭也吃不下，觉也睡不好，身体也变得越来越差，两个女儿也不知道该如何是好。

老太太的邻居知道情况后，就对老太太说："哎呀，你怎么这么有福气呀！"

老太太说："哪有什么福气，我都快愁死了。"

邻居说："你换个角度想想，你就知道自己多有福气了。你看，天晴的时候，你小女儿的草帽卖得多好，天一下雨，你大女儿的雨伞又卖得特别好，所以不管是天晴还是下雨，都皆大欢喜，真是让人羡慕呀，这还不是有福气吗！"

老太太听到邻居的话后，便放下了心中的忧愁，破涕为笑，从此以后不再纠结下雨和天晴，每天都乐呵呵的，心情好了后，身体也好起来了。

3

当我们遇到问题的时候,如果能改变就尽力而为,如果不能改变就顺其自然,不要把所有的事情都放在心里,要懂得放下,懂得控制自己的情绪。

其实,我们身边有很多人都像上面故事中的老太太一样,总是片面地看待生活,看什么都觉得不如意,喜欢用消极的情绪思考问题,沉浸在自己的悲观世界中,以至于每天都很烦恼,伤心又伤身。当我们遇到问题的时候,不要钻牛角尖,不要太在意一些琐事,否则就会引来不必要的烦恼。

如果我们用积极的情绪去面对生活,那么我们会发现世界充满阳光;如果我们用消极的情绪去面对生活,那么我们会发现世界无比黑暗。你对生活是什么样的态度,生活对你也会是同样的态度,所以,不要总是把所有的事放在心上,不要太小心眼,要用一种豁达的态度去面对生活,用爱去包容身边爱你的家人和朋友,你会发现生活比我们想象中的更美好。

当我们面对苦难时,只有拿得起,放得下,才能控制自己的情绪,才能心平气和地理解并解决问题。人们常说:"开心是一天,不开心也是一天,为什么不能开开心心地过好每一天呢!"

过去的事情已经过去了,就不要再纠结、不要再想了,放下过去,展望未来才是我们应该要做的事。古人云:"宠辱不惊,闲看庭前花开花落;去留无意,望尽天上云卷云舒。"要想活得潇洒自在,就需要学会放得下,做自己情绪的主人,不要为过去的事操心,不要为今天的事疯狂,更不要为明天的事烦忧。拿得起,放得下,才能掌握自己的生活,才能享受当下美好!

即使在生命的最后时光,也要充分享受尊严和爱

1

生病是一场孤独的旅程,而得了癌症的人更孤独。许多家庭因为害怕病人接受不了现实,就对病人隐瞒真实的病情,可是,有时候这样做恰恰会适得其反。

老李生病了,换了很多家医院,病情还是没有得到改善,家人只是告诉他不是什么大病,可其实他已经猜到自己得了什么病。

他对朋友说:"他们带我去的医院是肿瘤医院,医生开的药都是抗肿瘤的药,病房里也都是肿瘤病人。而且他们对我的态度也和以前不一样了,特别包容,特别关心,我知道这种待遇只有在得了大病的人身上才会有,每次我问他们病情的时候,他们总是眼神闪烁、欲言又止的样子,所以他们肯定有事瞒着我。"

老李接着说:"其实,我知道我得了什么病,我也活了这么多年了,电视、电影、网上也有不少报道,从他们的反应中我还是猜得到的。最重要的是自己身体的变化,我能感觉到它在一天天变坏,因为身体不会撒谎,但是他们总是跟我说没什么,会好起来的,不是什么大病。我内心的孤独和悲凉没有地方诉说,我知道我的情况,可没有人分享我的孤独。"

癌症本来就是一件很可怕的事,而更可怕的是没有人告诉自

己真实的病情，没有人与你分享内心的痛苦，最后孤独地走完人生的最后一程。

2

有人做过这样一份调查：假如你得了癌症，你希望家人和医生怎样做？ A. 会好起来 B. 隐瞒病情 C. 告诉自己真实的病情

最后投票的结果是：

5%的人选择了B，因为他们认为面对死亡太恐惧了，他们不想面对，所以希望家人和医生都可以瞒着自己。但其实结果最终还是会摆在你面前，逃避不了。

15%的人选择了A，因为他们认为当自己面对疾病的时候，是最脆弱的时候，此时最需要的是希望和鼓励。其实，在病情没那么严重的时候，这确实是一种选择，它可以燃起人们对生命的希望，可以让病人更好地配合治疗。可是当疾病发展到一定阶段的时候，是怎么都瞒不住的，因为身体会告诉人们真相。此时家人和朋友善意的谎言反而会让病人感到更孤独、更难过，甚至是愤怒，因为他会觉得没有人理解他的感受。

80%的人选择了C。原因主要有以下几种：

① 病人有权利知道自己的真实病情。

② 不想死得不明不白。

③ 不想把钱浪费在治不好的病上面。

④ 知道真相后，可以抓紧时间去想去的地方、做想做的事、见想见的人，不给自己留下遗憾。

⑤ 知道真相后，可以更合理地安排剩下的时间，好好地陪伴家人，希望自己剩下的时光是在幸福中度过的。

从调查的结果来看，大部分的人都希望知道病情的真相，能在生命的最后时光和爱的人在一起。

可是在现实生活中，情况却恰恰相反，大多数的亲属选择了隐瞒真相。也许是因为不敢面对死亡，不知道该如何安抚痛苦中的人；也许是怕病人知道实情后，会加重病情，因此最终选择面对的人不多。我们究竟是在回避自己的恐惧，还是真的为了帮助所爱的人？

3

人生病后，第一感觉是需要安全感，而安全感又来自确定，也就是知道事情的真相。只有知道实情的真相以后，才能改变可以改变的，接受不能改变的。

要知道，我们恐惧的往往不是事实本身，而是不确定性。无论真相是怎样的，我们都可以集中自己的精力和时间去着手解决。这种心理和行动会让人产生积极向上的情绪，这对病人的治疗也是有利的，而不确定性只会带来恐惧，恐惧则会消耗人们太多的能量。

当人们知道病情的真相时，情绪一定是低落的，情绪低落对身体会产生一定的影响，但是这种低落的情绪不会永远持续下去。

有心理学家研究表明：无论一个人经历了什么不好的事情，都会在半年后回到原来的心理状态。而长时间的不确定性，会让人一直处在一种焦虑中，这种焦虑和恐惧对我们身体的伤害更大。

每个人都会有那么一天，或早或晚，用不同的方式离开这个世界，没有人可以例外。那么当我们面对死亡的时候，究竟应该怎样做呢？

◆ 从我们自己的角度

人都害怕死亡，更害怕面对死亡，其实我们应该从现在思考：如果我们生病或者发生意外，我们希望家人怎样做，包括前面所说的是否告诉我们真相。

生活中绝大多数的人都不会直面死亡，更不会和家人探讨身后事，因为死亡让他们觉得恐惧和晦气，可是这件事却是我们必须要面对的。我们可以试着和家人探讨以下几个问题：

比如：假如生命走到了尽头，我们希望家人怎样做？我们希望自己的身体怎样处理，是否做器官捐献？骨灰怎样处理？我们对活着的人有什么期望？我们的遗物该怎样处理？

通过这样的探讨，可以让家人明白，在最后的日子里我们希望得到的不是隐瞒和安慰，而是尊重和爱。

◆从他人的角度

每个人都害怕孤独,尤其是患重病的人和年迈的人,他们最怕的是没有人理解和接纳他们,更害怕孤独地离开这个世界。有些人不敢面对,而有些人是怕家人难过、伤心,所以彼此都不敢触碰这个话题,常常心有不安、小心翼翼,但其实,回避会使问题变得更复杂,会让人们变得更恐惧,而对付恐惧最好的方法就是面对。

怎样面对呢?最好的办法就是把我们想说的话都说给他听,许多人在家人离开后都很后悔,后悔没有向家人表达感谢、歉意和爱意,因此留下了太多的遗憾,以至于逝者永息,生者难眠。

我们为什么一定要等到后悔才醒悟呢?我们明明可以告诉家人,我们有多爱他;我们明明可以给家人更多温暖的怀抱和支持,为什么要让他孤独而凄凉地离开呢?即使在生命的最后时光,也要充分享受尊严和爱。

谁的人生都有好像过不去的坎

1

都说人生不如意的事十之八九,每个人活在世上,无论年轻或年长,生活经历如何,多多少少都有过不顺遂的事情。小朋友的不如意也许是父母没有同意买下的玩具,青少年也许是一张没有考好的试卷,再年长一点可能会经历职场、恋爱、家庭等问题。

而人类之所以有趣，就是因为每一个个体都不那么一样。有些人总可以很快地调整心态，从不如意的情绪里脱身而出；有些人可能会被影响很长时间，即使走出来也能念叨上很久；还有些人或许更为敏感，面对不如意的境遇时甚至想结束自己的生命。

我一直认为自己是个相当坚强的人，从小到大、从家庭到升学都经历过各种各样的不如意，但我从不像认识的其他人那样哭泣无法接受。但即使如此，我也经历过许多"觉得这次的困难可能没办法度过"的瞬间。

但其实到最后，无论做得好或者不好，事情总归都得到了解决。经历之后我再回过头去看，只觉得那一点事情又算得了什么，因为这样就自暴自弃的自己，真是幼稚得可笑。

我也经历过很多身边人的故事。有因为父母离婚而变得孤僻冷漠的同学，如今她和母亲一起生活，研究生毕业，在父亲的公司当管理人员，生活过得有滋有味；也有半夜打电话给我，哭着说自己离家出走了，问我能不能帮她的朋友，现在她在外地工作，和难以沟通的家长保持适度往来，家庭关系分外和睦轻松。

有时候我会想，她们会不会想起曾经的自己？现在的她们再想起那些过去，会不会也是像我一样的心情呢？

2

网络发达的这些年里，通过互联网，我们能看到更多人的日常生活和喜怒哀乐。也正是通过互联网，我才逐渐发现原来世界上有那么多人曾经或者正陷在自己的不良情绪中。

让他们陷入悲观情绪的导火索有很多。男女朋友的背叛和离开、工作不顺利、职场被排挤、高考失利、学习成绩不佳、和父母的矛盾难以调和、被逼婚等。而这些人中有的从悲观的情绪中走了出来，有的却让自己颓废下去。

我不知道第一个将人生比喻为长河的人是怎么想的，但我觉得这个形容实在很妙。河水经历四季，秋冬枯水冰封，春夏化雪丰沛，正是恰如人生在世历经种种的跌宕起伏。

人类所在的宇宙之间，万物存在都有其规律，而这个规律往往逃不脱从生长到繁盛到衰败的循环往复。

宇宙经历过大爆炸才有如今的繁星，星体在亘古的悠然转动中走向坍缩，月亮在一个月间历经阴晴圆缺的轮回，潮水随着月轮涨落不停，春夏秋冬，树木枯荣。

世间万物无不向我们传递着这样的讯息，人生亦如是，高潮低潮、顺境逆境总是你来我往，这不过只是万事万物存在的最根本的真理而已。

身处逆境时经历的事情总是没有一件顺遂，似乎摆在眼前的全是无法解决的难题，我们作为脆弱的、拥有极强思考能力的人类个体，总是免不了让思绪走得太远。有的人忙着埋怨过去，指责曾经的自己做了错误的决定，走了不正确的道路；有的人抱怨全世界，把所有的不顺利推给别人，觉得自己是被外力逼迫着一步步走到如今。

然而事实上，无论身处逆境的我们如何对自己解释，那都只是当下情绪的一种正常表达。世界那么大，十几亿人类的大社会里，实际上没有什么事真正要把你逼进"死胡同"，你的人生就只是你的人生，在宣泄之后你总会再找到零星的生活意义，只要一直不停地往前走，只要一直努力，客观规律就会牵着你的手，把你从窘迫阴暗的泥沼里拉出来，带你走到正确的、顺利的道路上来。

那时候再回头去看曾经让你觉得无法迈过的难关，其实也不过尔尔罢了。

我们在互联网上看过那些因为遇到挫折而陷入悲观情绪的个例，每每看到这样的新闻，伴随着揪心同时而来的还有无以言表的温暖。那些在屏幕上你只看得到网名的人们，不管身在何处，不管他是谁，仿佛都正通过网络朝你伸出温暖的手。有很多人最终靠着这一点点聚集起来的善意与关怀与爱走出了内心的阴影。

而且不仅在微博上，各种搜索引擎里回答问题的人们在面对有明显情绪障碍的人时，也都不约而同地选择了最大限度地向陌生人释放自己的善意与爱，让他们知道这个人生在世不仅仅只有坏事。如果连网络上的陌生人都能爱你，那你又有什么理由不爱自己，不好好活下去呢？

3

前不久，我在网上看到一条新闻，经过桥梁的公交司机看到护栏边有个女孩儿企图轻生，不顾车外正下着大雨，女司机立刻靠边停车，跟她一起下车的还有车上好几名乘客，散步经过女孩儿身边的大爷也帮着女司机她们一起把女孩儿救了下来。视频的最后是几名乘客扶着哭泣的女孩儿一起上车,女司机从驾驶座递出干毛巾给女孩儿擦身体。

我不知道这个女孩儿出于什么理由站在桥上,但却知道,素不相识的路人会朝她伸出援手,必然是因为这个世界上比起恶意来说,更多的依然是温暖和爱意。我猜这个女孩儿应该再也不会忘记这个雨天,日后再想起让她攀上护栏的那件坏事,也能够释然地付之一笑。

因为她真切地感受过人生和世界的善意,就会知道活下去,一切总会好起来。

人生不如意事十之八九,但人生没有过不去的坎。当你迈过这道坎,人生的旅途上无论前后都会是海阔天空。

人很多时候都是自己吓自己,越躲越怕

1

我的母亲腰上长了个肉疙瘩,我提出带她去医院看看,她只是一拖再拖,告诉我这个疙瘩不痛不痒,没必要去医院治疗。我听了她的话很着急,如果这个疙瘩是什么肿瘤的信号可怎么办?

我的母亲却还是一再推托,总说自己没事,这个疙瘩不痛。直到有一天,她突然告诉我,那个疙瘩化脓了,疼痛难忍。

我当时被吓得不轻,赶忙带她到医院检查。万幸并不是什么肿瘤,只是普通的囊脂腺肿,做个小手术切除了就行。在医院,

医生批评了我和我的母亲，这个腺肿并不是什么大病，更不是癌症，只是毛孔堵塞导致我们人体代谢出的废物没办法通过皮肤排出来而已，为什么不能及早过来治疗。如果来得早的话甚至不需要手术，在起疙瘩的地方上药就好了。

我看着母亲，她只是对我尴尬地笑了笑。

我在想，母亲不愿意来医院的心情其实我多少是可以理解的，毕竟年纪大了，讳疾忌医。她其实就是自己吓唬自己，见到长了个肉瘤就生怕自己得了癌症，见到医生就觉得自己马上就要临终。

很多人到了我母亲这个年龄，总会担惊受怕，觉得一到医院就会发现自己一身的病，可是疾病就在那里，不管你来不来医院，它都不会自己消失。反而是很多疾病，你拖的时间越长，就越是严重。

老人也就罢了，现在越来越多的年轻人也常常担惊受怕，总是自己吓自己。有时候身上起个小疙瘩、起些小红斑点，害怕去医院被医生指出生活习惯不佳，于是在家里自己上网搜索给自己下诊断书。不搜索不知道，一搜索发现流个鼻血就是白血病；起个疙瘩就可能是癌症；起红斑了，那就一定是红斑狼疮了。

于是这些年轻人就更加害怕，觉得自己生死攸关，严重影响到生活和工作的效率，然而等他们真的到医院一检查，其实什么都没有。所谓的红斑不过是在哪里撞到擦了点皮，那些奇怪的疙瘩也不过是青春痘或者蚊子包，本身没多大个事儿，结果自己把自己吓得够呛。

2

我前些天晚上走夜路的时候一直专心看着手机给人回消息,在我回完短信把手机丢进包里的时候赫然在墙上看到一个颀长的身影,吓得我一哆嗦,仔细一看才发现那是我自己的影子。

像这样的经历,每个人都在生活中经历过。尽管并不是每个人都一定会被自己的影子吓到,但在特定环境下,被其他并不可怕的东西吓到的人数不胜数。

就比如说我们工作忙乱一场乱仗的时候,很多人的大脑会搅和成一团乱麻,亟待完成的工作堆成一堆,很多人就被吓到了。想着这么多的工作我怎么可能完成,不能按时完成任务我该怎么办?如果还没开始做就被工作给吓到了,我们自然没办法好好地完成工作。然而事实上并不是每件事都要在同一时间完成的,我们可以按照时间顺序给我们需要完成的工作进行分类和排序,按照次序分门别类一件事一件事地往下做。

我们每个人都没有未卜先知的能力,一件事你还没开始做肯定是无法断言这件事的成败的。但是我可以断言,如果你不去做这件事,那你一定会失败。同样的,如果你抱着"我一定能成功,一定能完成这项任务"的心态去做一件事,那你工作中的效率和工作状态一定比你畏首畏尾、害怕失败的状态要好。

很多人在遇到问题退缩的时候总会给自己找借口,说自己这是三思而后行,是深谋远虑。然而还有一句古话说得好:"一鼓作气、再而衰、三而竭。"很多人三思之后往往没有做到深谋远虑,只是单纯地把自己吓坏了,然后不敢继续行动。我们对陌生事物有恐惧心理是非常正常的，这都是自然的大脑反应，但是在恐惧之后，我们不能就此放弃，而是应该分析自己为什么会产生恐惧的心理，找到解决我们恐惧心理的方案，那样才算我们真正地战胜了恐惧。

3

我们每个人的经历都不相同，所面对困难的态度也各不相同。并没有人说，我们每个人都一定要强大，一定要无坚不摧，面对问题了一定要迎难而上。无论是恐惧还是消极情绪，都是我们生活中的一部分。事实上，只要经历过了，很多事情都没有我们想得那么困难和可怕，有时候只是一叶障目，我们没办法纵观全局罢了。

很多心灵鸡汤这样说：我们最大的敌人是我们自己，我们战胜了自己就能战胜全世界。虽然心灵鸡汤说得不全对，我们就算战胜了自己有时候也不一定能战胜全世界，但至少我们可以尝试，可以试着去面对那些困难。很多人在听杞人忧天的故事时都觉得杞人非常可笑，然而有些人在现实中遇到这种情况之后的反应甚至还不如杞人。

我们每个人内心的恐惧都会影响到我们对人和对事的评价，战胜恐惧的过程就是我们自己和自己战斗博弈的过程。每件事情都有两面性这个道理我们都明白，然而实际运用起来的时候总有人会偏向某一面。有的人会过度自信，导致实际执行方案的时候在细节处出现问题，满盘皆输；有的人又过于谨慎，自己吓自己，事情还没开始办就先缴了枪。

有时候我们在遇到问题的时候会觉得这个问题只靠自己一个人可能没办法解决,在这个时候,我们大可以寻找几个朋友,找到几个帮手让他们帮我们一起处理问题,而不要只是一个人埋头苦干。有些问题一个人解决不了,说不定多几个人就能水到渠成了呢?总之不要怕,怕是不能解决问题的,快行动起来吧!

人生没有走不出来的困境

1

人们都喜欢和心胸宽广、大气、智慧的人做朋友,同时也希望自己能变成那样的人。而那些大气的人之所以大气、宽广、智慧,是因为他们忍受了我们不能忍的苦难和委屈,他们的心胸和智慧是在苦难和委屈中磨炼出来的。苦难可以使我们软弱,也可以使我们变得更强大,怎样选择,就看我们自己的内心。人生没有走不出来的困境,只有走不出来的心情。

2

学员燕子在沙龙会上曾分享过自己的情感经历。燕子和第一任丈夫离婚后,孩子被迫留给了男方,离婚后燕子与孩子十年未见。

她与第二任丈夫情投意合,共同创业打拼,可天有不测风云,第二任丈夫遭遇车祸,不幸去世了。

当她与第三任丈夫结婚的时候,以为老天终于让她找到了幸

第六章 人生，没有过不去的坎，只有转不过的弯

福，可是她却查出了乳腺癌，做了乳腺切除手术。

可能有人会想，她的人生太悲催了，她的生活太不幸了，她一定过得很苦。可事实却恰恰相反，她的人生依旧很精彩，她活得淡然、洒脱、自信，她走出了人生的困境。

燕子说，与第一任丈夫结婚的时候，因为年轻气盛，也不懂什么是爱情，就稀里糊涂结婚了。可婚后的生活并没有过得很如意，尤其是孩子出生后，家里每天战火不断，三天一大吵，两天一小吵，没完没了。后来经过慎重考虑，她决定离婚，可第一任丈夫同意离婚的条件是必须把孩子留下，最后，她答应了丈夫的要求。

可是没想到，离婚后第一任丈夫千方百计不让她见孩子，她每次为了见到孩子，就会和前夫理论，最后变成一场战争。孩子每次也是郁郁寡欢，无奈之下，在孩子六岁的时候，她被迫不再与孩子见面。

直到十年后，前夫才因为个人原因把孩子送回到她的身边，两年后，孩子顺利考上大学离开她上学去了。虽然孩子已经回到她的身边，但是她曾经有十年没有尽到做母亲的责任，她很内疚，也很遗憾。

当她与孩子沟通这件事的时候，孩子却对她说："妈妈，我不怪你，假如当初你没有离婚，我也不一定会比现在幸福，因为我可能会在你们的争吵中长大，那样的话也不一定是好事。虽然我也希望能有一个完整的家庭，但是如果你没有离婚，你一定过得不开心，你不开心，我也不会开心。你当时的选择没有错，你

177

瞧，我现在不是也挺好吗？我比同龄的孩子更成熟，更懂得自己需要的是什么，你不需要对此感到内疚和自责，我没有怪过你，你不是苟且生活的妈妈，也不是一般的妈妈，我佩服你。"

燕子说，生活不会只给你一个考验，后面还有更大的磨难等着她。与第一任丈夫离婚后，她仍然期待爱情和婚姻，希望有一个快乐的婚姻，后来她真的如愿以偿，找到了那个能给她带来快乐的人。

与第二任丈夫结婚后，她辞掉了自己的工作，与丈夫共同创业，当她沉浸在幸福中的时候，生活又给了她致命一击。第二任丈夫出去应酬的时候遭遇了车祸，当场身亡。她接到通知的时候，不敢相信这是真的，她伤心欲绝，一夜白了头，虽然丈夫去世了，可公司还有许多事情要处理，她只能咬咬牙，让自己变得更坚强。

最后，他们的公司还是破产了，丈夫没了，公司也没了，她再一次变得一无所有。她回想起丈夫去世的时候，最难过的是她没有与丈夫好好地告别，她想对她的第二任丈夫说："谢谢你给了我这份刻骨铭心的爱，你给予我的呵护和关爱是我从未体验过的，是你让我明白爱是什么，是你让我尝到了幸福的滋味。你给我带来的一切任何人都无法替代，虽然结局不是我所愿，但是我依然感谢你对我的疼爱和付出，是你让我对爱情和婚姻有了更深层次的理解，谢谢你。"

当她彻底放下了对第二任丈夫的哀伤后，与第三任丈夫结婚，现在的她虽然做了手术，但是她与丈夫仍然恩爱有加，在经历了风风雨雨和病痛之后，她更加坚定、更加宽广，不管遇到什么事，她都会问自己："做这件事对生命有威胁吗？如果没有，那就去做。"因为她知道，不管什么样的困境，一定都会过去，就像明天一定会到来一样。

苦难和困境只是生命中的一小部分而已，我们不能因为这一小部分而放弃我们的人生。人生没有过不去的苦难和困境，只有以为过不去的心情。

3

有人说，想要过不一样的人生，就会遭受不同于常人的苦难。

美国著名的心理治疗专家露易丝·海，正是在苦难中实现了生命的重建；脱口秀女王奥普拉·温弗瑞虽然遭遇过怀疑、背叛、性侵和遗弃，但是她从未因此向命运低头，而是选择了坚强，勇往直前。她们的勇敢不仅照亮了自己的生命，而且也用行动告诉人们，人生没有走不出来的困境，让自己变得坚强就能超越苦难。

俗话说："人生不如意十之八九"，人生在世，失意的时候确实比如意的时候多，既然我们没有办法改变，那为什么不能把不如意看作是人生常态呢？只有与不如意和谐相处，才能感受到生活的幸福。

当我们感受到痛苦的时候，我们最好先问问自己，这些痛苦是不是必要的，如果不是，大可不必理会，换个角度，一切都会不一样。

要知道，那些功成名就的人，哪一个不是经历过不为人知的艰难和痛苦，他们之所以有今天，正是因为他们有勇于承担一切的勇气和强大的内心。

困境是为了帮助我们成长，只有走出困境才能成就自己。没有人会主动选择苦难和困境，但是也没有人能避免它，不管你怎么逃离，苦难和困境依旧是我们人生的必经之路。我们要做的不是逃离，而是选择怎样面对，这才是生活。

一般情况下，当人们面对苦难和困境的时候，会经历以下三种阶段：

第一，被困在困境中，失去了人生的方向，只知道怨天尤人；

第二，走出困境，并继续向前；

第三，走出困境后，梳理自己的人生，领悟到困境背后的深意，感恩困境。

那么，试想一下，当我们面对困境时，会是哪一个阶段呢？

第七章

你与优秀之间，只缺一个情绪对应法

只要学会正确应对情绪的方法，你就能成为更优秀的自己。"情绪梳理七步法"能帮助你安抚自己的情绪，还能让你更加深刻地认识自己、认识他人，以更加客观和理性的角度来看待事物。只要掌握了这种方法，你就能轻松应对自己的负面情绪。

情绪梳理第一步：自我关怀

1

不知道你是否有过这样的感受：感到生气愤怒时，被气到胸口发闷；感到担忧恐惧时，会手脚冰凉，甚至胃痛。这些现象告诉我们，人有负面情绪时，不仅心里会不舒服，身体也会不舒服。而当人身体不舒服时，心里也一定会有情绪，比如牙痛的时候，我们的心理都会烦躁焦虑得不能自己等。

我们的身体与情绪之间的联系是十分紧密的，而且大脑的信号在身体上的反应最为直接，身体不舒服对我们的影响和刺激也是最大的。可是很多人面对情绪问题时，却只关注到心理的不舒服，却没有关注身体的不舒服。

此外，人们在对抗负面情绪时，会投入大量的精力以逃避和报复外在的人和事，却很少关注自身。过分关注外在的人和事，往往会让事情变得更复杂。我们应该把目光从外面收回来，先关怀自己。

2

梳理情绪的第一步就是自我关怀，关怀自己的身体和心灵，让身体舒服，让情绪平复。自我关怀的方法具体分为三步，下面我们一起来试着做一做。

◆ 标注和感知自己的情绪

首先，要把眼睛闭起来，把注意力放在呼吸上，在每一次呼气和吸气中，让思绪回到那件让我们不舒服的事件中。

接着，回想一下这件事发生的时间、地点、人物，以及对方说了什么，做了什么？而我们自己又说了什么，做了什么，我们的感受是什么？

最后，我们要认真感受自己的情绪，问问自己，这是一种什么样的情绪？并给这种情绪起一个合适的名字，它可以是愤怒、焦虑、委屈，也可以是烦躁、失望和悲伤。给情绪命名后，我们还要再次回到事件当中去，进一步感受自己的情绪，因为这件事中一定掺杂了许多不同的情绪，我们要选择其中最强烈的情绪来给它命名。

◆ 在身体上定位自己的情绪

给情绪命名后，我们可以从头到脚地扫描一下自己的身体，感受一下负面情绪引发了身体哪个部位的不适。并感受一下这个身体部位的不适是疼痛、紧张，还是恶心、麻木。

◆关注身体不舒服的位置，对自己进行软化、安抚和允许

接下来我们要让身体不舒服的部位慢慢软化和放松，如果感觉到那个不舒服的部位很僵硬很紧张，我们可以把手放在不舒服的位置上，让身体感受到手的温暖。让手的温暖像暖流一样温暖我们的身体。这时，我们的身体仿佛沐浴在温泉中，会全身心地感到放松和温暖。

然后再感受一下自己此时最想听到什么话，我们可以把自己想听的话说给自己听，也可以把自己想象成一个可爱的小宝宝，温柔地注视自己，对自己说安抚的话。举个例子，我们可以说：我知道你心里很难过，我很心疼你；我知道你承受了很大的压力，你真不容易。

当然，我们也可以直呼自己的名字，用对话和谈心的方式开导自己：我知道你很痛苦，也很难过，经历这件事并不容易。可是世界上还有很多人跟你有相同的经历，与你承受了同样的痛苦，这就是人生不可避免的一部分。

最后，我们要允许自己此刻的情绪和感受，无论有什么想法，我们都要允许自己。我们要对自己说：我接纳此刻的自己，无论我有什么样的想法和情绪，我都完全接纳此时此刻的自己。在进行了标注、定位和安抚的步骤后，我们的情绪就能得到平复。

3

自我关怀是梳理情绪的第一步，也是十分重要的一步，只有

做好了这一步，才能保证后面几步的效果。这一步中的三个小步骤最初是由哈佛大学的临床心理学家克里斯托弗·杰默和德克萨斯大学的教授克里斯廷·内夫共同提出的。

这套方法是有科学依据的。科学家发现我们的大脑中有一个杏仁核，这个区域的主要功能就是产生情绪、调节情绪和控制情绪。当我们面对一个让我们产生压力的事件时，我们的身体会产生一系列的反应，比如心跳加速、手脚冰凉等，杏仁核也会开始分泌各种物质让我们产生各种情绪。

而当我们把情绪标注出来时，杏仁核就不会再产生恐慌情绪。因为未知让人恐惧，而当我们把未知变成已知时，就不会再害怕和焦虑，慌乱的情绪也会随之变得安定下来。也就是说，只要你能标注情绪，就能安抚它、驯服它。

所有的情绪都可以反映在我们的身体部位上，情绪不好时有的人会胃痛，有的人会头痛，还有的人会胸闷。情绪本身是无形的，但身体却是很具象的，是看得见摸得着的，所以给情绪定位非常重要。当情绪没有被定位时，我们抓不住它，不知该如何与它共处，一旦情绪被定位在身体某一处时，我们就能很快看清是怎么回事，也能直接地进行软化和安抚。

当我们的身体感觉到放松和舒适时，就会向大脑传递一个信号：我现在是安全的。大脑接收到信号后，也会随之安静下来。所以，软化和安抚自己的身体就是在安慰我们的大脑。软化和安抚情绪时要像对待小宝宝一样温柔、有耐心，小宝宝哭的时候我们要把他抱起来，然后轻言细语地哄他。当小宝宝感受到温暖的怀抱、温柔的声音时，身体就会自然地放松。

当我们安慰别人时,最常见的肢体接触就是拥抱,我们也可以用自己的手"拥抱"自己,把手放到自己的肩膀、胸口、肚子或者其他不舒服的地方,我们的情绪和身体都能软化下来。软化之后就是允许和接纳,那么什么是允许和接纳呢?

打个比方,假如你是一个爸爸或妈妈,你很爱自己的孩子,有一天孩子生病了,难受得哇哇大哭,你会怎么办呢?你虽然没有办法让痛苦消失,但是你一定可以接纳孩子的哭闹,并且愿意好好地陪伴他,跟他在一起,试着为他做点什么。

我也可以把自己的情绪当成自己的小宝宝,允许他不舒服,接受他的哭闹,怀着一颗关怀的心去陪伴自己、安抚自己。

情绪梳理第二步:探究自己的真实需求

1

我们在生活中常常遇到这样的情景:小孩子因为没有得到自己心仪的玩具而哇哇大哭,他们会因为自己的需求没有得到满足而产生情绪,并直白地表达出来。其实,我们之所以会产生情绪,就是因为某种需求没有得到满足。

但是,我们常常弄不清楚自己真正的需求。我们只知道自己不想要什么,但却不知道自己想要的是什么。只有了解自己想要的是什么才能真正解决好情绪问题。所以,梳理情绪的第二步是探究自己的真实需求,包括内在需求和外在需求。

要注意的是,我们探究的是自己需求什么,而不是想要什么。需求是发自内心的、真正需要的，而想要是欲望，欲望是永无止境的，但心灵深处的需求却是可以被满足的。

那么，我们要怎样探究自己的真实需求呢？首先，我们可以闭上眼睛，然后再问自己几个问题：

在这件引发我情绪的事件中，我想要的究竟是什么，我需要的又是什么？

这件事带给我的感受是什么？是悲伤、愤怒、愧疚、失望，还是恐惧？

我为什么会有这样的感受？

我内心真正的需求到底是什么？

到底是什么需求没有被满足，才会引发我们这样的情绪？

对方的需求又是什么？

如果你已经有了这些问题的答案，就可以睁开眼睛，把答案写在一张纸上。

2

人的意识就像一座冰山，那些看得见的行为、感受得到的想法和情绪，就像冰山露出水面的那一小部分。所以，很多时候我们自己都不够了解自己，我们以为自己只是在争论对错，我们以为自己只是想把事情做好，我们以为自己只是单纯地为了对方好……

我们真正的需求就隐藏在这些"我以为"中，只有一层一层地剥开情绪的外衣，才能发现真正的需求是什么。就拿愤怒来说，愤怒是一种很容易产生的情绪，而且每次都来势汹汹，有横扫千军的气势。可是，很多时候愤怒只是一种掩盖，它的强硬是为了掩盖那些更柔软和脆弱的情绪。愤怒的外壳下也许是悲伤，也许是恐惧。

就像一位看到孩子摔跤的妈妈，孩子摔倒在地后，妈妈首先表现出来的情绪就是愤怒，她说的第一句话也是："你为什么这么不小心？"在这愤怒的责问下，其实是妈妈的担心和疼爱。当人们受到突如其来的惊吓时，往往火冒三丈，有的人甚至会大发脾气。而那些恶作剧的朋友还会觉得对方在小题大做，但他们不知道，藏在怒火背后的是深深的恐惧。

我们最常感受到的情绪是什么？有哪些情绪是比较表面的？在愤怒等比较强硬的情绪之下，隐藏了哪些柔软的情绪呢？它们是恐怖、悲伤还是孤独？在这些柔软情绪的最深处，我们真正的需求又是什么呢？是想被看见、被听见、被尊重、被认可、被关爱吗？

这些问题都是我们要去好好探究的，只有认真剖析自己的情绪，才能找到自己的真正需求，并想办法满足它。找到心理需求不仅能解决情绪问题，还能让很多其他的心理问题同样得到缓解。所以，我们一定要诚实地面对自己的内心。

情绪梳理第三步：情绪管理 ABC

1

美国某大学的科研人员做过一非常有趣的心理学实验——"伤痕实验"。

实验征集了 10 位志愿者，并将他们分别安排在 10 个单独的房间里。接着科研人员请来专业化妆师为志愿者脸上画出逼真而丑陋的伤痕，并用一面小镜子给志愿者查看化妆后的效果，告知他们此次研究的方法：在指定的地方观察和感受不同的陌生人对自己产生的反应。

在志愿者看到化妆效果以后，化妆师表示为了让"疤痕"更加牢固，需要在伤痕表面再涂一层粉末。但实际上，化妆师在此时偷偷抹掉了化妆的痕迹。因此，当志愿者走出房间的时候，他们的脸其实跟平常并没有什么区别。

可是，实验结果却是，几乎所有志愿者都感受到了来自于他人异样的眼光。

1 号志愿者很气愤，她说："有个胖女人一见我就露出了鄙夷的目光，她大概还不知道她自己多胖、多丑！"

2 号志愿者则显得有些忧伤："唉，现在的人真是缺乏同情心。一个小孩子看了我两眼，但是他的妈妈立刻把他拉走了……"

3 号志愿者也很恼火："有两个年轻女人看了我一眼，然后就转过去嘻嘻地笑个不停，真没有教养！"

其他志愿者也都义愤填膺地诉说了诸多令自己愤慨的感受。可实际上，他们跟平日里并没有什么区别。

志愿者们之所以产生这样不好的情绪，是因为他们固有的负面"认知"影响了他们对于外界的感知。

2

情绪 ABC 是美国心理学家阿尔伯特·艾利斯提出的概念，A 指的是那些激发我们情绪的事件（activating event），B 指的是每个人对这个激发事件的看法和信念（belief），C 则是人的消极情绪的后果（consequence）。埃利斯认为，人产生负面情绪和消极情绪并不是因为激发事件，而是因为人们对这个激发事件的看法和想法。

这个概念听起来很拗口，又难以理解，我们结合上面的"疤痕实验"就容易判断了。事实上，当志愿者们走出去的时候，他们和平时并没有不同，但由于他们的内心先有了"脸上有疤痕"，且"疤痕不好看"的想法，也就是消极的观点，从而让他们在与外界的接触中产生了负面情绪。也就是说，相同的事件，在不同的观点下就会让人产生不同的情绪。

也就是说，我们的情绪往往不是来源于那些激发事件，而是来源于我们对这个激发事件的看法，同样的激发事件，用不同的视角看，我们的情绪也会有所不同。

那么，为什么人和人之间看待问题的角度会有这么大的差别呢？为什么很多人总是消极地看待问题呢？

心理学家通过研究发现，人们产生那些偏激而消极的观点常常是因为以下三个原因：第一，人们按照自己的意愿擅自断言某事必定发生，或者某事一定不会发生；第二，以偏概全地断定那些可能发生、偶尔发生的事件一定会发生；第三，妖魔化那些可能出现的不良后果，一点小事就觉得那是世界末日。

我们再来看这样一个现象，相信很多人在生活中常常遇到这样的情况：在马路上远远地看到了自己的同事或者朋友，然而对方对你视若无睹，没有向你问好，也没有靠近你。有的人遇到这种情况，想着对方大概是没看见自己，于是继续往前走，把这次偶遇抛在脑后；有些人则是把这次偶遇牢记在心，满心想着对方是不是排斥自己，是不是讨厌自己，会不会在以后的工作生活中给自己穿小鞋。

仅仅是在马路上偶遇没有问好这种小事，那些心态消极的人就会无限发散，他们按照自己的揣测断言对方一定是讨厌自己，以偏概全地否定对方"只是单纯没有看到自己"这一事件的可能性，然后无限发散这次偶遇的后果，认定对方会在工作中排挤自己。这样的心态十分不可取，也是不合理的。

3

了解了什么是情绪 ABC 以后，我们可以拿出纸和笔来，开始解读自己的情绪，我们可以把引发情绪的事件按照 ABC 列举出来。

A 是事件。B 是我们对这件事的看法和解读，我们对一件事可能有多种看法，所以，我们可以尽量多写几个 B，我建议大家最好写 4 ~ 6 种，但是也有人能写出十几种，对事件的解读主要取决于一个人看问题的视角，视角越宽广，他列举的可能性就越多；视角越狭隘，他能看到的可能性就越少。C 是基于对事件不同解读（B）所产生的结果，这里的结果包括情绪和行为。

对事件的解读不同，最后产生的结果也会不同，所以，情绪 ABC 对于换位思考、全面了解事情真相是十分有帮助的。我们总是习惯于站在自己的角度看问题，根据自己的经验对事物做出判断。但事实告诉我们，我们对于自己以外的人和事的理解是远远不够的。

很多让我们产生负面情绪的事件，乍一看都非常荒唐和不可思议，我们回头看自己当时的行为也会觉得十分不可理喻，但当时我们就是这样做了。错误的应对方法，会导致错误的结果，也会让我们产生负面情绪。情绪 ABC 就像是对事件的复盘，让我们试着从多个角度思考这件事，从不同的立场设想，应该怎样应对这件事。

通过对事件的解读，我们能够重新检视自己的行为，正视自己内心的需求，并对整个事件有更清醒的认识。情绪 ABC 在安抚我们情绪的同时，可以让我们进行更理性、更客观的思考，它会带领我们从感性回归到理性。

情绪梳理第四步：与智者对话

1

人的心灵是如此复杂而充满矛盾，理性与感性、脆弱与坚强、冷漠和热情、愚钝和智慧都可以共存。丰富的内心世界必然会给我们带来各种复杂多样的情绪。在上一节中，我们根据情绪 ABC 对自己的情绪进行了解读，但是在个人成长经历的影响下，我们会忽视情绪中的某些方面。所以，我们需要与智者进行对话，用客观的视角来梳理自己的情绪。

智者可以是一个具体的、真实的人，他可以是我们的父母或家人，也可以是一位充满智慧的朋友或师长，无论这个人是谁，他一定是最了解我们、最关心我们的人，也是我们最信任的人。

智者也可以是一个抽象的人或物，比如佛祖，或一个幻想中的生物，或者一个智慧的象征。无论我们的智者是谁，他都应该是可以让我们全心全意信赖的人或物。

当我们解读完自己的情绪后，可以问一问自己的智者，我们对自己情绪的解读，是否是全面而合理的。

2

在见到智者、与智者"交谈"以前，我们要先让自己平静下来，放松自己的身心，做一个"神秘乐园"的冥想，这个"神秘乐园"就是我们见到智者的地方。

首先，我们先闭上眼睛深呼吸，让自己的身体变得放松，想象自己的身体越来越轻，轻到可以像一只鸟一样从窗外飞出去。我们"飞"到一个叫作"神秘乐园"的地方。这个"乐园"只属于我们自己，任何人都不能进去。

在这个"乐园"中,有我们喜欢的风景和动物,也有我们喜欢的建筑和房间,我们非常喜欢这个"乐园",这里能让我们的心灵感到安全和宁静,我们在任何时候都可以进入这里。最重要的是,这个地方只有我们自己才能进入,

在这里,没有批评和指责,也不必追求完美,我们不需要做任何自己不想做的事,只需要自由自在地生活;在这里,我们可以无条件地被接纳、被尊重、被喜欢,这一切都让我们充满自信,感觉生活无限美好;在这里,我们可以与自己喜欢的人、动物以及其他美好的事物待在一起。当我们疲劳时,可以在这里得到休息;当我们伤心时,可以在这里得到安慰;当我们愤怒时,可以在这里重新找回宁静。

再接着想象一下,在"神秘乐园"的深处,有一个小木屋,推开小木屋的门,里面坐着一位白发苍苍的智者。我们慢慢地走到他的面前,对他诉说内心的疑惑和不安,向他询问我们想知道的答案,即使没有什么想说的,我们也可以坐在他的身边,享受那片刻的安宁。

这是我们自己的"神秘乐园",和专属于我们自己的智者,他懂得我们所有的不安,了解我们所有的问题和困惑,他能随时随地解答我们的疑问。如果,我们已经"见到"了自己的智者,就可以开始与他进行对话了。

3

我的一位学员小媛最近失恋了,她的男朋友向她提出了分

手,因为他喜欢上了小媛的好朋友安安,并且已经和安安走到了一起。小媛既愤怒又伤心,她觉得自己受到了友情和爱情的双重背叛。

怒火中烧的她打电话质问男朋友为什么要这么做。男朋友却对她说:"我也不知道我们为什么走到了这一步,是我对不起你,我希望你以后能过得更好,也希望你能珍惜那些追求你的人。"小媛听了这句话,更是气不打一处来,她认为男朋友是在讽刺她。

小媛气愤地说:"你这话什么意思,自己做了这样的事,还有脸来讽刺我吗?"

男友说:"我没有讽刺你,你总是这样曲解别人的意思,和你在一起我觉得很累。"两个人就这样不欢而散,小媛也深深地陷入了自己的情绪中。

小媛失恋后的状态十分颓废,做什么都提不起劲,我想帮助她尽快从自己的情绪中走出来,于是帮助她梳理她的情绪。梳理情绪的前三步都做完了,小媛还是感到有些不能释怀,于是她与自己的智者进行了对话。

后来小媛与我分享了她与智者对话的过程,她与智者之间的对话是这样的。

智者:"亲爱的小媛,我知道这几天你的情绪很不好,关于这件事,你一定想了很多,能跟我说说你对自己有什么新的了解和发现吗?"

小媛:"我发现了自己情绪变化的过程,他跟我提分手时,我感到很愤怒,之后就是嫉妒和不甘,接着是伤心和委屈,最后是接受和感恩。我还发现了自己情绪背后的真实需求,我感到愤怒,是因为害怕被否认、被拒绝;我感到嫉妒和不甘,是因为我想得到他的爱和认可,可是他却没有给我;我感到委屈和伤心,是因为他从来没有真正了解过我。"

智者:"发生这件事以后,你做了什么,最后的结果又是什么?"

小媛:"我给自己编了一出'苦情戏',自己就是那个被无情抛弃、被误解、被讽刺、被伤害的主人公。我总想着去挽回他,我认为自己完全无辜,不愿意接受现实,也不愿意接纳自己的错误。我把所有的时间和精力都花在改变分手的事实上面,想尽一切办法联系他、骚扰他,最后他在微信朋友圈屏蔽了我。我自己一直沉溺在'苦情戏'中不能自拔,对方对我越无情,我就越委屈,也越觉得自己可怜。"

智者:"如果再给你一次机会,你会怎样做呢?在这件事中,除了挽回对方,你会有新的目标吗?"

小媛:"我的新目标是从这件事中获得成长,学会陪伴自己。我也不会再试图改变已经发生的事,我会把目光放在自己身上,专注于自己。我要鼓励自己、拥抱自己、安慰自己,并告诉自己:你真不容易。"

智者:"这样的做法和之前相比,会产生哪些不同的结果呢?"

小嫒:"这样做,我的情绪再也不会随着他的话语和行为而产生剧烈的变化。我也会有确定感和安全感,无论他是什么反应,我要做的只是陪伴自己。无论情绪如何变化,我都很确定有个关心我的人一直陪在我身边。而且,当我接纳自己、陪伴自己、关怀自己时,我的情绪也平复了下来,我的内心就不再愤怒和委屈。"

智者:"太好了,小嫒,这件事加深了你对自己的了解,也让你更爱自己。这件事让你痛苦了很久,以至于到现在还有点不能释怀,我能知道让你最痛苦的点在哪里吗?"

小嫒:"最让我痛苦的,是那种失去的感觉,我不相信他竟然跟别人在一起了。在我心中,他是属于我一个人的。所以,当他有了新的女朋友,我会觉得自己失去了某种东西。"

智者:"可是,他真的是属于你的吗?"

小嫒:"不是,他是一个独立的人,他和谁恋爱、和谁分手,都是他自己的事。他有自己的选择,他可以自由地建立属于他的关系。想到这儿,我觉得自己慢慢释怀了,我的眼光也打开了,他是自由的,他的行为不会以我的意志为转移,我也不能控制他,所以我要更关注自己。但我内心还有种冲动,要把他抢回来!"

智者:"你的想法我完全能理解,但是你要仔细想一想,如果他现在恢复了单身,你还会和他在一起吗?"

小嫒:"即使我跟他在一起时,我也很少陪他,也很少敞开心扉与他沟通,我总是忙于自己的工作。我想我也没有给他安全感。我觉得他没有给我爱和认可，可是他想要的陪伴和支持我也一样没有给他。所以，他才会选择我的朋友，我的朋友恰好是一个非常温暖且顾家的女孩，刚好是他需要的伴侣。他们在一起真的很合适。"

智者："其实，你的心里已经有了答案，不是吗？你能告诉我你的答案了吗？"

小媛："我愿意放手了，我想这一切就是最好的安排。我以为我准备好了开始一段恋爱关系，但我却没能全身心地投入其中，我想我还没有准备好。所以，上天帮我作出了这样的安排，让我和他都能够重新开始自己的生活。"

通过与智者的对话，小媛彻底释怀了，她平静地接受了现实，也接纳了自己。

情绪梳理第五步：核对

1

一般来说，当我们做完前面的情绪梳理步骤后，情绪一定已经平复了下来，并且对引起情绪的事件、对别人、对自己都产生了不一样的看法。情绪梳理使我们看到了更多的可能性，让我们能更客观地看待事情，而不是带着情绪去看事情。

但是，还有一种可能，那就是情绪 ABC 的解读、智者的建议都与真实情况不符。我们自己的视角是有局限的，无论是对人还是对事，我们的看法并不全面，甚至会因为误会而产生一些负面情绪。

所以，我们要在现实中与事件的其他当事人进行核对，倾听他们的声音，了解他们的需求，这样能拓宽我们的视野和格局，加深我们对他人、对事物的理解。在与他人核对时，我们要遵守以下几个原则：一是尊重对方、真诚沟通；二是不旁敲侧击，要直接核对；三是要做出最好和最坏的应对预案。

2

这里，我还是以上一节中小媛的案例来说明，小媛在与智者对话后，心平气和地与前男友进行了一次核对。

小媛说："我有一个困惑始终想不通，想听听你的看法。"

前男友说："好啊，你说吧。"

小媛说："你当初对我说'希望你能珍惜身边的好男孩。'这句话究竟是什么意思？你说这句话时心里到底是怎么想的？"

前男友说："之前你说有很多人追你，我这么说是希望你能珍惜那些追求你的人，早日找到一个好归宿。"

小媛说："是这样吗？我也想说说我的想法，我收到你的信息时，感受到的不是祝福，而是挖苦和讽刺。"

前男友说："我怎么会挖苦你呢？我对你只有愧疚和真心的祝福。"

小媛说："嗯，我知道你不是一个坏人。"

前男友说:"我也不知道我们怎么走到了这一步,但我希望你以后能过得好,也希望我们以后还是朋友。"

小媛说:"以前的我很不成熟,现在我也明白了自己的问题在哪里,谢谢你,我的困惑已经解决了。"

前男友说:"我也有很多做得不对的地方,希望你能不计前嫌,祝福你以后能遇到更适合你的人。"

小媛说:"谢谢你!"

就这样,小媛通过核对化解了心结,她已经挥别了过去的伤痛和坏情绪,接下来一定能够带着积极的心态拥抱未来的生活。

3

核对,是一个非常有效的沟通习惯,它能帮助我们心平气和地了解对方的需求,表达自己的需求,并且共同探索满足双方需求的方法和途径。不过,千万别把核对变成兴师问罪,不要借机指责对方,也不要以核对为由任性地发泄自己的情绪、表达自己的不满。

关于如何进行核对,我有一个小诀窍可以分享给大家,那就是心平气和地问对方:"是什么让你这么难过?我要怎么做才能让你好受一点?"还可以告诉他:"很抱歉,我让你这么难过和害怕,我想知道要怎么做,你心里才会好受一些。"

每个人都希望被尊重、被喜欢,都不希望和别人发生矛盾、撕破脸皮,没有人愿意成为一个讨人嫌的人。可是,有时候我们会情不自禁地说一些不该说的话，做一些不该做的事，我们这么做是因为情绪失控，这也和我们内心的伤痛以及过去的经历有关。这时候，如果对方能用温和的态度与我们交流，增进彼此的了解，并且还会想办法满足我们内心的需求，我们心中的怒气和伤痛一定会像冰遇到火一样被融化。所以，我们也应该以这样的态度来对待别人，真诚地与对方交流，诚心地与对方核对。

情绪梳理第六步：制订未来的行动计划

1

经历了核对之后，我们对自己、对对方的认识和理解变得更加深刻，但深刻的认识仍然停留在意识层面，我们要把自己的收获和心得贯彻到行动中去。所以，接下来我们要制定一个未来行动计划。有了这个计划以后，当未来再发生类似的事件时，我们就知道该如何行动了。这个行动计划必须有可操作性，不仅要具体、量化，还要有时间表。要知道，只有采取了行动，才会有真正的成长和改变。

不过，有的时候我们可能没有时间进行核对，也没有办法核对，但是我们也可以根据自己的思考来制定行动计划。想一想，如果再遇到同样的情况，应该怎样做？我们可以说什么、做什么？不应该说什么、做什么？我们要通过制定未来行动计划，来帮助自己做一个明智的选择。

2

那么，我们应该如何制定未来行动计划呢？

◆列出情绪变化的路径，并充分感受和体验它

我们首先应该给情绪命名，并列出它的变化路径，弄清楚情绪背后的需求，然后满足自己的需求。

◆接纳情绪，感受情绪

我们要通过自我关怀承认自己的情绪、接纳自己的情绪，并允许负面情绪的出现。当负面情绪出现时，不要逃避，而是要勇敢面对它，认真地感受、体验它。

◆积极实践情绪梳理七步法

情绪梳理七步法是一种非常有效的调节情绪的方法，它不仅能安抚我们的情绪，让我们从多角度解读自己的情绪，还能让我们看到自己的局限性和事物的不同侧面。

◆真诚地表达自己的想法，并了解自己的需求

梳理好自己的情绪后，我们还要带着真诚的态度和对方沟通，表达出自己的想法，同时也了解对方的想法和内心需求。

制定未来行动计划这一步看起来很多余，但是却不能忽视。因为以后的生活中我们一定还会遇到同样的问题，有了行动计划，我们就能很好地应对。我们还应该慎重对待自己的未来行动计划，即使它看起来很琐碎、很不值一提。比如下次再被拒绝怎

么办？被人误解了怎么办？排队时遇到插队的情况怎么办？与家人拌嘴怎么办……

其实，生活就是由这些鸡毛蒜皮的小事组成的，在这每一件小事中，我们都可以学着打破原有的行为模式，练习用新的方式来回应别人，练习用新的方法来处理自己的情绪。在日常生活的实践中，我们会养成新的习惯，形成新的思维模式。这就像在荒山上开辟一条新的道路一样，我们要积极地除草、铺路，并让更多的人从这条路上走过，这样才能让路变得越来越平坦宽阔。

制定未来行动计划，并积极付诸实践的目的在于养成习惯，而习惯可以影响我们的思维模式，改变我们为人处世的方法，让我们变成比现在更好的自己。

情绪梳理第七步：收获总结

1

情绪梳理七步法的最后一步是收获总结，我们每一次梳理自己的情绪时，都能对自己有新的认识，对生活中的事物产生新的看法。我们应该对这些想法和收获进行总结。只有经过了总结，这些好的想法才能凝练成我们的人生智慧。

我们要从情绪梳理中总结自己的思想和行为模式，把现在和过去进行对照，发现自己的错误和不足，并在以后的生活中尽量避免。我们还要总结情绪产生的深层原因，总结我们内心的需求，了解了这些，可以让我们懂得如何与人相处，也能更好地爱自己。

除了总结自己，我们还要对事件本身和对方进行总结，这样能让我们明白更多的道理，吸取一些教训，更重要的是，以后遇到类似的事，我们就知道该如何处理。通过对事件本身和对方的总结，我们的思路会更加开阔，看问题也会更加全面，不再钻牛角尖。

人生处处都离不开总结，没有总结，所有的经历就没有价值。总结就是一个提炼精华的过程，它把感受变成经验，把经验凝聚成智慧。

2

在情绪梳理七步法中，学习和总结是十分重要的，如果我们能坚持总结和学习，在情绪爆发时，就会有很多应对和解决的办法。如果我们能在每次情绪梳理后总结收获，就能建立一个良性循环。

除了总结和学习以外，我们还应该经常练习这七步法，这个方法对于悲伤、愤怒、恐惧、内疚等情绪的梳理和安抚有十分明显的作用，能帮助我们解决情绪不稳定的问题。所以，我们必须要经常练习这种方法，让它内化成我们的行为习惯和思维模式。

我们每个人的行为习惯和思维模式，都是在过去几十年的时间里形成的，可以说根深蒂固，要改变并不容易。我们应对情绪的方式也不是运用一次七步法就能改变的。但是通过练习，我们可以减少情绪失控的次数和强度，让我们自己对情绪的控制力越来越强。

有的朋友告诉我，他尝试着运用情绪梳理七步法，但还是控制不住自己的情绪。其实这是很正常的，因为刚开始运用这种方法时，我们一定会觉得很困难，分辨不清自己的情绪，找不到情绪在身体上的反应，情绪 ABC 也想不出几个，智者也找不到。但是没关系，只要我们坚持去做，就一定会有收获。

而且随着练习次数的增多，我们完成一次七步法的时间会变得越来越短，对自己的了解会越来越深刻，在行动上的改变也会越来越彻底。

3

我的一些朋友在回家的路上，在等地铁的间隙，在睡前的空闲时间里都会运用七步法来梳理自己的情绪，通过多次练习和运用，他们感觉到自己的情绪越来越稳定了。我们往往很愿意去了解一个新方法和新知识，但却不愿意花时间去实践、运用它，如果是这样的，了解得再多也不会有什么实际作用。只有真正地践行，才能品尝收获的甘甜。

如果我们对情绪梳理七步法还不太熟悉，可以从模仿练习开始，只要熟悉了步骤就可以自行运用了。每个人的具体情况不同，有的人只需要一两步，情绪就已经平复了，而有的人却需要好几个步骤。我们可以根据自己的情况和需要来灵活安排，但我们的最终目的都是安抚自己的情绪，成为更好的自己。

我们可以选择做情绪的主人，也可放任自己沦为情绪的奴隶，选择权掌握在我们自己手中，行动的脚步也应该由我们自己来迈出，关键问题在于，我们是否有决心去改变。我们在生活中见过太多败给情绪的人，他们离优秀只差一步之遥，却因为不能控制情绪、应对情绪，而让自己与成功失之交臂。如果想成为一个更优秀的人，想在生活和工作中取得应有的成就，我们就要下定决心，直面自己的情绪问题，抚平心中那片狂暴的情绪之海，让它变得平静温柔，阳光普照。

情绪梳理七步法的运用——案例分析

1

我们已经完整地了解了情绪梳理七步法，但大家可能还理解得不是很透彻，下面我们一起来看看具体的案例，看看到底应该如何在实际生活中运用情绪梳理七步法。

李娟明天就要考驾照了，她很紧张，生怕自己考不过。在紧张情绪的影响下，李娟今天练车时频频出错，驾校教练看了她练车的情况后对她说："你看看你，练成这样，明天肯定考不过。"

教练的话让李娟感到更紧张了，她出的错也越来越多，急性子的教练气得破口大骂，不停地说她笨。教练说："我牺牲自己的休息时间帮你练车，你却练成这样，对得起我的付出吗？"面对教练难听的话，李娟感觉到自己的心理压力越来越大，压力越大，反而越练不好，她几乎快要对明天的考试失去信心了。

但是，李娟明白良好的心态对明天的考试非常重要，所以，她尝试用梳理情绪七步法来安抚自己的情绪，缓解自己的紧张，并帮助自己重建信心。

2

李娟是这样做的：

◆ **第一步：自我关怀**

①停下来、深呼吸、为情绪命名：李娟把自己的情绪命名为：紧张、害怕、不自信、焦虑、自责。

②身体定位：李娟感觉到自己的喉咙发堵、胸口发闷、手抖、想哭。

③软化、安抚、允许：李娟把手放到自己的喉咙和胸口，感受手的温度，告诉自己："别怕，我在。"她不再控制眼泪和发抖的右手，让眼泪流下来，让右手自然地发抖，并进行深呼吸，放松自己的身体。

她像安抚小朋友一样安抚自己，对自己说："我知道你被教练骂了，心里很难过。但是无论他骂了你什么，你在我心里都是最棒的。我知道你有多么难过和害怕，所以我都会一直陪着你。"

安抚结束后，接下来就是允许，不对抗、不评判，让一切自然流淌。李娟是这样对自己说的："亲爱的，我知道你此刻很紧张、很害怕，也很恐惧，而且你想消除它们，但是这些情绪好像越来越强烈了。别担心，我会一直陪着你，和你一起面对它们。我知道你很想把事情做好，我能感受到你有多努力，你还被教练骂了,你真不容易。"

◆第二步:探索自己的真实需求

李娟想得到支持、认可和鼓励;而教练想得到的是认可、舒心和休息。

◆第三步:情绪管理 ABC

李娟首先列举出了事件(A):明天就要考驾照了,但是今天练车时我很紧张,老是出错。于是我被教练骂得狗血淋头,他说我不可能通过考试,骂我笨,说我是人头猪脑。我被骂了以后,犯的错更多了,我不回嘴被骂,回嘴更要被骂。我对明天的考试失去了信心,这次一定拿不到驾照了。

接下来,李娟对事件作出了解读(B),并根据解读推导出了结果(C):

B1:这是我的错,我也不知道自己为什么会一直出错。

C1:不作声让教练继续骂,内心充满自责和低落的情绪,觉得自己非常委屈。

B2:教练没素质,随便骂人,这家驾校真不怎么样。

C2:心里憋着一股气,特别想顶嘴,感到愤怒和委屈,结果把自己憋出内伤,说话的语气也特别冲。

B3:教练的骂声让我对自己失去了信心,我觉得自己无法通过第二天的考试。

C3：觉得委屈，流下了眼泪，心中充满了委屈和难过的情绪，越来越不自信，越练越错。

B4：这对我来说只是一次人生经历而已，无论结果好坏，这件事很快就会过去。

C4：整个人放松了下来，再也不去担心考试会不会合格，抱着体验的心态去参加考试。紧张和焦虑的情绪得到了缓解，感到放松和安宁。

◆第三步：与智者对话

智者："你这么害怕考试失败，到底在怕什么呢？"

李娟："我怕自己这次考不过，又要被教练骂。我再回去练，教练会不愿意教我，或者对我很没耐心，又骂我。我很难面对考试失败后被教练奚落、怒骂的场面。"

智者："从这件事中，你看到了什么呢？"

李娟："我害怕的不是考试本身，我害怕的是考试失败后，有一个人会奚落我，对我发火，这会让我觉得自己犯了错误，自己是不好的。"

智者："如果真的没有通过考试，对你来说是好还是坏？最坏的结果是什么？你能否接受？"

李娟："没有通过考试这个结果对我来说不算坏，因为这次就算没有通过，我还可以再考，这会变成我生命中的一次体验。教练的态度不是我能控制的。这次的事让我看清自己真正害怕的不是考试，而是别人对我口出恶语。而教练的不耐烦和愤怒不过是为了发泄他自己不能休息的愤怒而已，他所说的为我付出不过只是借口而已。最坏的结果就是再考一次，虽然费时费力，但是最后能通过就好。"

智者："你现在感觉怎么样？"

李娟："我感觉轻松不少，就把这件事当成一个游戏吧，结果的好与坏，不过是人生中的一次体验。无论结果怎么样，都不会太糟糕，都会有不一样的精彩。"

◆第五步：核对

由于教练的态度十分恶劣，李娟没有与他进行核对。

◆第六步：制定未来的行动计划

① 自我关怀，安抚自己的身体，看到事件背后的情绪，找出情绪背后的需求。看清情绪中的自己，给自己关怀，让自己的身体舒服起来，让情绪放松下来。

② 如果担心自己做不好，就可以想象一下最坏的结果，问问自己能不能接受这样的结果，然后勇敢地面对、体验，经历每一个过程。

◆第七步：收获总结

李娟对这次情绪梳理的总结如下：

自我关怀让我在如此焦虑、害怕、紧张、担忧的情况下，只用了一个小时就让自己平静了下来，能淡然地面对即将到来的考试。教练的辱骂和不看好，让我看到自己真的尽力了，我不再责怪自己，而是鼓励自己、安抚自己，让自己的身体变得轻松，心情变得平静。

我看到自己的力量变得强大，对自己和他人的理解也在不断加深。我能够从骂声和奚落声中走出来，关注到自己的真实需求，而不是一直沉浸在焦虑和紧张中。我看到了教练戴着"付出"的面具在向我索取认可、支持和物质上的补偿。在明白了他的匮乏和痛苦之后，我不再把注意力放在教练的骂声上，而是目光放到了自己的身上，我能面对自己的痛苦，并且克服它，我感到十分欣慰。

以上就是李娟对自己情绪的梳理，我们也可以按照这个步骤来练习安抚自己的情绪，让自己成为情绪的掌控者。

第八章

即使生活一地鸡毛，
　也要欢歌前行

有人说，一地鸡毛才是生活的真相，烦心事总是没完没了，麻烦总是接连不断。难道我们就要忍受着生活的满地狼藉艰难前行吗？当然不是，虽然我们不能选择自己的人生际遇，却可以选择自己的心态。既然生活总要继续下去，还不如收拾心情，迎难而上，把地上的鸡毛做成一个漂亮的鸡毛掸子。

充实自己，生活丰富的人没空闹情绪

1

在现实生活中，只有那些整天无所事事的人才会闹情绪，而一个生活丰富的人，是没有空闹情绪的。

那些喜欢闹情绪的人每天都在抱怨，不是抱怨工作，就是抱怨生活，要不就说："我总是打不起精神，我不想工作，什么都不想干，我也不知道我的未来是怎样的，下班后更迷茫，我就好像行尸走肉一般在街上游荡。"

这种无所事事的消极状态，会让自己没有目标，会让未来没有方向。最重要的是，如果长期处在这种消极的心理状态下，我们的内心会滋生出无名之火，会胡思乱想，整日烦躁不安，有时候一点小事就会被无端地放大，使自己的心情变得很郁闷，最后被内心的苦闷所吞噬。

2

小妍是一名自由职业者,她喜欢晚上工作,白天睡觉,刚开始她也没觉得有什么问题,可最近小妍总觉得自己的生活好像缺少点什么,感觉每天都很颓废,晚上工作时更提不起精神。

因为生活节奏不一致,所以她很少与朋友联系,有时候偶尔与朋友聚会,也会因为自己闹情绪或是说话阴阳怪气,把朋友给得罪了,慢慢地有些朋友就不再与她来往了,而她自己却不知道问题出在哪里。

她最好的闺蜜甜甜对她说:"你的生活节奏与大多数人的都不一样,每天一个人在家,生活又不丰富,自然会觉得很无聊,你可以把工作放在白天,晚上好好休息,偶尔不忙的时候做一些自己感兴趣的事,或者出门到公园里坐坐,享受有人气的生活,这样你的生活就会丰富不少,你自然就不会觉得烦闷了。"

听完朋友的建议后,小妍觉得有道理,于是开始尝试改变自己的生活。她开始有规律地生活,白天工作,晚上休息,隔三差五出门会会朋友,还报了一个瑜伽班和一个插花班,生活过得有滋有味,人也有精神了。她每天都很期待明天的到来,因为她知道新的生活正在等着她。一段时间后,她不再郁郁寡欢,不再胡思乱想,每天都在为了新的生活而努力。

从心理学的角度来说,生活不够丰富,整天无所事事会让人产生一种消极的情绪,让人们失去对理想和前途的追求,让人变得没有自信,对人生和生命产生疑惑。这样产生的连锁反应会使人们消极地对待生活,对待身边的人和事,甚至为了摆脱这种烦闷而沉浸到另外一种生活中，这种消磨时光、无所事事的状态对我们来说是百害而无一利的。

3

现在的人们动不动就把"无聊、郁闷、无趣"挂在嘴边，总是感叹生活无聊，生命无趣。为什么我们不能尝试着做出改变呢？去丰富自己的生活，填补心里的空虚，当我们觉得无聊，无所事事的时候，一定要去做一些自己喜欢的事，或者是有意义的事，充实自己的内心，这样我们才能感受生活的乐趣，才不会感到空虚和烦闷。

◆改变自己的心态

如果我们想让自己的生活变得丰富，想让自己变得充实，首先要改变的是我们自己的心态，只有心态发生了变化，生活才会变得美好。也就是说，我们怎样对待生活，生活就会怎样对待我们。要知道，对生活没有热情的人，他们的内心始终只有寂寞和烦闷，而对生活充满热情的人，他们的注意力始终放在美好的事物上，积极感受生活的美妙，这种热情填补了生活的空虚，哪里还有空去闹情绪呢？

◆点缀平淡无奇的生活

生活本来就如白纸一般，平淡无奇。我们要做的是在生活这张白纸上，画出我们五彩斑斓的人生，用各种颜色点缀平淡无奇的生活，让我们的生活变得多姿多彩。当我们充实自己，将自己的生活变得丰富的时候，我们自然就没有精力和时间去闹情绪了，因为我们正在享受当下的美好生活。

让内心变得强大，才能控制自己的命运

1

当人们遇到突发状况时，有的人会惊慌失措，感觉天都要塌下来了；而有的人则处事不惊，运筹帷幄。而后者之所以会有如此强大气场，是因为他们拥有强大的内心和控制感。如果你正在做一件非常有把握的事，我想你的内心也一定是信心满满、淡定自如的，哪怕中途出现了突发状况，你也能有条不紊、从容不迫地处理。这是因为你有强大的内心和控制力，也就是说你心中有数，可以控制事态的发展和趋势，所以才没有惊慌失措、惶惶不安，这就是内心强大给你带来的好处。

内心强大的人除了有很强的控制感外，还有很强的抗压和抗打击能力，所以他们才能控制自己的命运，掌控自己的人生。

2

下面的小故事也说明了这个道理：

在一个马戏团里，有一头小象从小就被拴在一根木桩上，起初，小象每天都在挣扎，企图挣脱木桩，它尝试了一次又一次，可是对小象来说，拴它的木桩太大了，不管它怎么挣扎、怎么努力，始终都挣脱不了，渐渐地它就放弃了，因为它认为自己无法挣脱。

小象长成了大象,当初拴它的木桩对它庞大的身躯来说变得那么渺小,但是大象却依然被拴在木桩上,再也没有尝试着去挣脱,因为,大象从小经历过无数次的失败后,它早已没有强大的内心和控制感,它已经习惯被拴着了。

在现实生活中,那些有控制感的人,他们更懂得如何安排自己的生活,他们会按自己的喜好去选择自己的生活方式,他们有信心将命运掌握在自己的手中,这种强大的内心会让他们对人生充满希望,对未来充满动力,会让他们的生活更有乐趣。

反之,那些没有控制感的人或者控制感弱的人,既没有强大的内心也不够自信,他们遇事就会慌张、不安,内心充满了绝望和无助。久而久之,他们对生活也会逐渐失去热情,进而产生一种厌倦感,找不到人生的方向,这一切都是因为他们的内心不够强大。

3

那么,我们应该怎么做才能增强控制感,让内心变得更强大呢?

◆学会主动调整自己的情绪

一般来说,控制感强的人都能很好地控制自己的情绪,而一个人的情绪往往更能反映一个人的生活态度。在现实生活中,我们难免会遇到压力和困难,如果我们能主动调整自己的情绪,用积极的情绪去面对困难和压力,那么压力就会变成动力,困难将迎刃而解。

主动调整自己的情绪，才能让我们时刻保持一种积极乐观的情绪，而这种情绪就可以让我们的内心逐渐变得强大，进而拥有控制感。

◆学会独立解决问题

如果一个人能独立解决问题，那么就说明这个人拥有强大的内心，因为这一切都来源于他对自己的信任。控制感强的人能在发生问题的第一时间迅速做出判断，然后独立解决问题。所以每当我们在生活中遇到困难的时候，不要逃避，要试着学会独立解决问题，培养自己的气场和自信心。

当问题被我们解决的时候，我们的内心会有一种极大的满足感和成就感，当我们把主动解决问题变成一种习惯的时候，我们的内心自然就强大了，我们的气场自然就显现了。

其实，控制感就像是一种骨气和斗志，它能让我们更积极地面对生活。比如，有两个人遭遇了同样的不幸，如果其中一个人整天抱怨、唉声叹气，认为这就是他的命，他没有想过去改变什么，那么结果是显而易见的，他一辈子就会与不幸相伴。

而另一个人虽然也遭受了不幸，但是他没有气馁，没有放弃生活的希望，而是在苦难中寻找方法，不管遇到什么事都努力去解决，也从不抱怨。他的内心在苦难中磨炼得越来越强大，对待生活也越来越有信心，相信他未来的日子就会过得越来越好，因为内心强大的他逐渐掌控了自己的命运。

内心不够强大的人容易对生活失望，而内心强大的人则能坦然面对生活的打击，用强有力的控制感掌控自己的命运。

高情商，就是懂得选择情绪

1

我们要适当地选择愤怒、选择悲伤。

我的侄女小薇从小就是"别人家的孩子"。她从小就成绩优异，懂事乖巧，有着超出同龄人的成熟和稳重。但在小薇上中学的时候，小薇的父母面对我们时却总是愁眉苦脸，感叹青春期的女儿有多叛逆，多难以管教。

我们都感觉十分惊奇，小薇与我们这些亲人朋友聊天的时候表现出的成熟和稳重，并不像是一个会在青春期叛逆不听管教的孩子。然而小薇的父母听到我的话连连摇头，说小薇在家经常因为一些鸡毛蒜皮的小事而生气，前一周甚至摔碎了自己的玻璃杯泄愤。

小薇的父母十分苦恼，他们觉得小薇很听我的话，就想让我帮忙劝劝小薇，让我和她交流问问看她到底是哪里遇到了问题。

我找到小薇，想问她在生活中到底遇到了哪些不愉快的事情，要通过与父母争吵的方式泄愤。小薇摇摇头，说自己其实并不怪父母，他们也没做错什么。但道理说起来容易，有时候在家里还是无法克制无名之火，一心只想骂人吵架，发泄自己的愤怒。

我听了小薇的话，突然想到了另一个问题。于是我问小薇，她在学校生活中有没有遇到什么不愉快的事情。

小薇听了我的话,咬着下唇有些犹豫,最后告诉我,班上有些女生在背后说她坏话,说她跟某某男生走得近是在早恋,又说她明明满心想着玩却还是要装成努力学习的样子骗取老师的欢心。

小薇从小接受的教育就是碰到不公平的事情,忍忍就过了,于是她没有理睬那些在背后嚼舌根的女生,继续努力学习。

我听了小薇的话,发现了小薇的症结所在。

现实生活中,很多人都会遇到和小薇一样的困局。很多人在陷入负面情绪的漩涡之后,总会满心想着:我要积极起来,我要面对人生,我不能让负面情绪控制我,遇到什么事情忍一忍就过去了。但越是这样想,就越是无法从负面情绪中脱身。这其实是因为这些人对负面情绪的认知本身出现了错误。

2

我们的负面情绪并不是外界强加给我们的阻碍,更不是命中注定的劫难。我们的负面情绪只是从我们的需求和现实间的落差中诞生的产物,我们有无尽的欲望,我们有远大的理想,我们有穷极一生都想要达成的愿望。但现实是残酷的,我们不总能实现自己的梦想。于是我们就因为自己的无力而懊恼,因为自己所处的环境而感到遗憾,进而产生愤怒和嫉妒的情绪。

这就是我们负面情绪的由来,所以能把我们从负面情绪中拯救而出的永远只有我们自己,只有满足了我们自己的需求,才能战胜负面情绪。阻碍我们与负面情绪抗争的,不是别人,正是我们自己。要想从负面情绪中解脱而出，我们首先应该战胜自己。

那么我们应该如何去做呢？

我们每个人对事物的认知都是完全不同的，正是这种认知的差异让我们每个人面对同一个问题时的态度各不相同，情绪也各不相同。同样一件事，有的人觉得无所谓，有的人则怒不可遏。

很多人在愤怒的时候都会想着，我不应该愤怒，我不应该生气，我应该平和一点，冷静下来处理问题。这样的想法有它的道理，但并不是所有问题都应该如此。

我们的愤怒是有价值的。

在我们的核心利益遭到侵犯的时候我们就应该愤怒。那些在你遭受不公平的对待，你的利益遭到了损害的时候，还劝你忍耐，劝你应该心平气和地面对生活的人，不是蠢就是坏。

"众口铄金，积毁销骨。"那些会损害到我们形象的问题，忍一时决不能风平浪静，只能让我们迎来更大的风暴。

所以在我们遇到那些诋毁我们的人的时候，勇敢地站出来选择愤怒。让对方知道你的愤怒，你的底线，用你的怒火震慑对方。尽管这样的反击有失风度，但可以有效地帮我们解决问题，避免流言变成更大的风波。

所以我告诉小薇，下次再遇到那些在班级里造谣、抹黑她的同学，勇敢地站出来，说出自己的想法，为自己辩解。公道自在人心，只要我们自己行得端坐得正，别人就没道理苛责我们，那些讲闲话嚼舌根的人自然也没有继续造谣的勇气了。

成功人士都很会选择自己的情绪，利用自己的情绪。如果只是为了自己发泄，就把愤怒和悲伤宣泄到别人的身上，这是一种不负责任的行为，也会招致他人的怨愤。而那些成功人士就会把自己的悲伤和愤怒用在适当的场合，他们会把愤怒当作保护自己的利剑，也会用悲伤为自己获取利益。

3

相信大家都看过很多选秀节目，如今的选秀节目俨然成了"比惨"大会，似乎越惨就越能获得越高的名次。

为什么有些选手宁可谎报自己的身世也要卖惨呢？当然是因为悲伤可以打动别人，可以感动观众。因为悲伤的情绪可以改变人们大脑的运算，改变我们处理信息的方式。

德国心理学家赫伯特·布莱斯发现了这样一条规律：在我们陷入悲伤情绪中的时候，我们会更加关注我们周遭环境的变化，相比起我们快乐的时候，我们能接受更多新的信息。

所以对那些舞台下欣赏表演的观众来说，那些悲剧故事更容易让他们的情感变得投入，让他们更专注于这些台上的节目。

所以在面试或者表演的时候，适当地表露出自己的悲剧，选择悲伤的情绪，有时候可以让我们走上通往成功的捷径。

最后说回小薇的故事，为什么小薇在学校的遭遇会转变成她在家中失控的情绪呢？

那是因为我们每个人内心的情绪能量是守恒的，小薇在学校里一直忍耐着同学的诋毁和造谣，没有发泄出自己的愤怒，这种愤怒长期积压着，于是她和父母之间那些鸡毛蒜皮的小摩擦就成了她的宣泄口，成了点燃她愤怒的导火线。

那些善于管理情绪的高手，绝不会一味地逃避、隐藏自己的情绪，他们懂得选择情绪，懂得利用情绪。

很多人在处理自己情绪的时候总觉得自己想太多了，事实上很多人其实非但没有想太多，而是想得太少。他们没有理解自己的情绪从何而来，也没有理解应该如何从根源上解决自己的情绪问题。所以他们没有办法战胜自己的负面情绪，只能沦为负面情绪的俘虏。

情绪与我们相生相伴，它不是我们的敌人，不是我们的对手。我们应该认清自己的情绪根源，甚至利用好我们的情绪，我们就不会再被那些负面情绪所困扰了，因为调转视线一看，我们的负面情绪正是我们的伙伴，我们的力量。

活在当下，拥抱每一个今天

1

昨日像那东流水，离我远去不可追，即使昨天再美好，再令人不舍，也无法重新来过。而未来虚无缥缈，变幻莫测，我们更是无法预知未来会发展成什么样子。就像刘诗诗说的那样，活下当下，做好现在的自己，才是最重要的。

不管过去创造的成绩多么辉煌，那终究已成为历史，我们要做的就是努力活好现在的每一天,做最优秀的自己,既不为未知的明天杞人忧天,也不为逝去的昨天悲伤哀怨。不然,你不懂得放下,不能从过去的荣耀中走出来,去珍惜现在的每一天,那你余下的每一个明天都会在忧伤中度过。

在历史的长河里,昨日已逝唯有怀念,未来遥不可及只有幻想。唯有好好珍惜当下所拥有的,才能把握好每一个今天,才能充实自己、提升自己,为遥不可及的未来打基础、做准备,为日后蜕变的那一天做最好的铺垫。

一生中,我们会遇到很多人,经历很多事。遇到的一些人会成为我们生命中的匆匆过客,经历的一些事会成为我们人生旅途中的一个优美片段。对这些匆匆过客与优美片段,我们不必耿耿于怀,也不必依依不舍,我们要做的就是活在当下,拥抱每一个今天。

这样,我们才有更好的精力与时间去迎接下一站的风景。人生短短一辈子,也唯有活在当下,过好当下的每一天,才能积蓄力量去拥抱更美好的明天。

2

我邻居的女儿梦蝶,人如其名,是一个非常有梦想的女孩。还在读书时,她便对未来充满了向往,希望在未来的某一天,拿着单反相机去拍遍风景秀丽的大好河山、人文风景,然后在有生之年去环游世界。

梦想总是美好的,可要真正实现起来却不太容易。读书时怀揣着美好的梦想,可是有了时间却没有钱,当工作后有了足够的钱却发现没有了时间。

转眼间,梦蝶已经毕业五年了,却一直没有将读书那会儿的梦想付诸行动。她总是想,再等等吧,等我多赚一些钱,等我有足够的时间……

单身时,梦蝶总想着多赚些钱再去实现梦想。可成家后有了孩子,就更走不开了,工作与家庭已经让她忙得焦头烂额,根本无暇顾及其他。其实,梦蝶也曾在自己生日时,给自己送了一个单反相机作为生日礼物,但可惜的是相机已经成了摆设。

在这五年里她勤勤恳恳地工作攒下了一些钱,却唯独对自己的梦想一拖再拖。现实的无奈早已将梦蝶的梦想消磨殆尽,只是偶尔在午夜梦回时,她会想起这一切。想着想着,她也想放下目前的一切,去外面的世界走一走,看一看。

但看到孩子还小,时间还多,她便不断安慰自己:人生的路还很长,以后会有时间的,等孩子上学了,等自己退休了,等自己闲下来了,就可以去实现了。

"月有阴晴圆缺,人有旦夕祸。"对于以后的以后,每个人都无法预料会发生什么。

梦蝶在下班途中遭遇了一场车祸,导致左腿骨折,做了手术后,医生建议静心调养。虽然,没有生命危险,但左腿受了伤,想要恢复到之前,至少也要个一年半载的时间。

对于这场突如其来的横祸,梦蝶在伤心之余又多了一份庆幸，庆幸自己还活着。遭遇了这场灾难后，梦蝶对人生突然多了很多感悟。她惊觉世事变幻无常，觉得人类在灾难面前是如此脆弱不堪，对于未知的未来，自己无力掌控也无法改变，唯一能做的一件事，就是活在当下。

经历了这件事后，梦蝶把自己的梦想重新作了规划，并提上了日程，她不想再等下去了，不想让自己的梦想变成梦幻泡影。她决定等自己的身体完全恢复后，就去实现自己的梦想。

一年后，梦蝶的脚伤完全治愈了。她安排好了家庭与工作，然后利用闲暇的时间在三年内走遍了国内大大小小的城市，去了自己想去的地方。

之后，梦蝶又开始把脚步迈向了国外。

再后来，梦蝶还举办了一场小型的个人摄影展。

一路走来，经历得越多，梦蝶就越发坚定了自己的想法，活在当下，把握现在拥有的每一天，梦想才有可能实现，生活才能过得称心如意。

活在当下，拥抱当下的每一天，才不会在未来的某一天追悔莫及；活在当下，做好现在的自己，才不会对逝去的昨天感到忧虑，思想与灵魂才能得到放松，心情才会美丽。

3

那么，我们要如何做才能让自己更好地活在当下呢？相信以下两点，会对你有所帮助：

◆对昨天与明天学会释怀

每一天都是一个全新的开始,都是元气满满的一天,我们要对每一个逝去的昨天和未知的明天学会释怀,努力经营好活在当下的每一天。也只有牢牢把握当下,我们的人生才能活得真实,活得快乐。

◆努力做好今天的自己

如果你一直陷在昨天的回忆中无法自拔,或是沉浸在未来的幻想中不愿正视当下的自己,那我想问问,仅靠回忆与幻想就能让自己过得幸福活得快乐吗?

显然不能,这些都不切实际,甚至还有可能让你白白错失很多成功的机会。因此,努力做好今天的自己才是最重要、最真实的。

请相信,活在当下,拥抱每一个今天,你的人生将精彩纷呈,不留遗憾。

即使生活一地鸡毛,也要欢歌前行

1

"生活纵是一地鸡毛,我们仍要欢歌高进。"

当命运给你无情的打击,将你平静的生活弄得"一地鸡毛"时,你是乖乖地向命运妥协屈服,还是顽强地迎接挑战,对命运的不公毫不留情地予以反击?

2

我的一位学员周伟就是一个在面对"一地鸡毛"的生活时，还能微笑前行的人。不管生活给了他多少打击，他都没有自暴自弃、悲观厌世，而是把"一地鸡毛"做成了一个漂亮的鸡毛掸子。

从小就对车特别感兴趣的周伟，因为父母离异，家庭条件也不好，高中毕业后就去做了一名汽修学徒。做学徒受尽白眼不说，还得忍受酷暑严寒，早上天蒙蒙亮就出发，晚上天黑了才到家。为了学到真正的技术，他特别刻苦，经常跟着师傅在脏兮兮的车底下连续工作好几个小时，脸上和衣服上都布满了油污，但他却丝毫不觉得苦。

在外人看来，这份学徒工实在是苦不堪言，可周伟却过得十分惬意，因为这是他打心眼里最喜欢的事。

三年后，周伟学徒期满，他的认真刻苦和一流的修车技术得到了师父的肯定和赞赏。并被师父推荐进了一家汽车贸易公司，做了一名汽车维修员。

工作后没多久，周伟在公司里结识了文员小美。两人一见钟情，很快便坠入了爱河，恋爱谈了一年后，两人便准备步入婚姻的殿堂。

就在他们忙着准备婚礼，对未来生活满怀希望和憧憬时，小美却在试婚纱时突然晕倒了。刚开始周伟还以为是小美这段时间操心婚礼的事太累了，没休息好，直到医生的检查结果出来，才知道小美患了胃癌。

面对命运无情的打击，周伟并没有就此放弃小美，而是激励她、鼓励她、安慰她，并说："亲爱的，现在的医学这么发达，你一定不会有事的，等你好起来，我们就马上办婚礼……"

然而，小美的病情已经到了晚期，医生也回天乏术。秋后的一个下午，小美走了，带着对周伟的不舍与浓浓爱意走了。

失去了心爱的人，周伟心里特别难过，可是哭又能怎样，怨恨上天不公又能如何？一切都不可能重来，但生活还得继续。想明白了这点后，周伟没有一蹶不振，也没有让自己沉浸在伤痛中无法自拔。他相信，小美也不希望看到他自暴自弃的样子，但待在原来的地方上班，他怕自己会触景生情，更怕触及内心的伤痛。

于是，他辞职了，重新换了一个地方，在一家汽车美容修理店做维修工作。由于工作认真待人真诚，再加上技术和服务一流，三年后，周伟已经成了那家店的店长，负责整个店铺的日常运作。

工作步入正轨，生活也终于苦尽甘来。在一次外出旅游途中，周伟结识了一个爱说爱笑的女孩，感觉彼此特别有缘的他们，旅游回来便开始交往了。交往两年后，他们顺利步入了婚姻的殿堂，并在之后迎来了爱情的结晶。

3

命运虽然给了周伟很多无情的打击，让他经历了很多委屈与磨难，但好在一切苦尽甘来，他终于收获了自己的幸福与快乐。

就如同周伟之前所说:"哭又能如何,除了发泄一下内心的不满与愤怒外,并不能改变什么。面对生活,我们还是得向前看,决不能向生活低头,即使生活一地鸡毛,也要欢歌前行。"

对这句话,我是十分认同的。哭,并不能改变什么,哭,只会让我们在悲观的生活里继续沉沦。你可以哭,可以痛,但哭过痛过之后,你得收起眼泪,坚强勇敢地面对接下来的生活。

也只有早日从悲伤痛苦中走出来,以积极乐观的心情去面对这一切,我们才能在一地鸡毛的生活中过出自己最理想的生活。